REIHE AUTOMATISIERUNGSTECHNIK

Herausgegeben von B. Wagner und G. Schwarze

Lochkartentechnik

2., bearbeitete Auflage

Bernd Bode

Springer Fachmedien Wiesbaden GmbH

51 *Bode:* Lochkartentechnik

52 *Paulin:* Kleines Lexikon der Rechentechnik und Datenverarbeitung

53 *Greif:* Meßwert-Registriertechnik

54 *Jeschke:* Kleines Lexikon der Betriebsmeßtechnik

55 *Töpfer u. a.:* Pneumatische Bausteinsysteme der Digitaltechnik

56 *Weller:* Regelung von Dampferzeugern

57 *Mütze:* Numerisch gesteuerte Werkzeugmaschinen

58 *Heimann:* Radionuklide in der Automatisierungstechnik

59 *Fuchs/Weller:* Mehrfachregelungen

60 *Queisser:* Instandhaltung von Automatisierungsanlagen

61 *Peschel:* Einführung in die statistischen Methoden

62 *Töpfer u. a.:* Pneumatische Steuerungen

63 *Kochan/Strempel:* Programmgesteuerte Werkzeugmaschinen und ihr Einsatz

64 *Brenk/Eichner:* Integrierte Datenverarbeitung

65 *Gensel:* Zerstörungsfreie Prüfverfahren

66 *Worgitzki:* Elektrisch-analoge Bausteine der Antriebstechnik

67 *Kerner:* Praxis der ALGOL-Programmierung

68 *Pankalla:* Aufbau und Einsatz von Prozeßrechenanlagen

69 *Timpe:* Ingenieurpsychologie und Automatisierung

70 *Böhme:* Periphere Geräte der digitalen Datenverarbeitung

71 *Dutschke/Grebenstein:* BMSR-Einrichtungen in explosionsgefährdeten Betriebsstätten

72 *Müller:* Automatisierungsanlagen

73 *Paulin:* FORTRAN — Kodierung von Formeln

74 *Paulin:* FORTRAN — Datenbeschreibung und Unterprogrammtechnik

75 *Gottschalk:* Darstellungen und Symbole der Automatisierungstechnik

76 *Hart:* Kontinuierliche Flüssigkeitsdichtemessung

77 *Börnigen:* Datenverarbeitungsanlage Robotron 300

ISBN 978-3-663-03040-9   ISBN 978-3-663-04229-7 (eBook)

DOI 10.1007/978-3-663-04229-7

Lektor: *Jürgen Reichenbach*

Bestellnummer: 8/3/9186   ES 20 K 2   DK 681.177

VLN 210. Dg. Nr. 370/99/68 Deutsche Demokratische Republik

Einbandgestaltung: *Kurt Beckert*

Eingetragene Schutzmarke des Warenzeichenverbandes
Regelungstechnik e. V. Berlin

Inhaltsverzeichnis

Einleitung 4

1. Der Datenträger Lochkarte 5
1.1. Verschlüsselung 5
1.2. Lochkarte 8
1.3. Beleg und Lochkarte 10

2. Lochen 12
2.1. Lochen durch manuelles Eintasten 12
2.2. Maschinelle Übertragung von in Lochschrift vorhandenen Daten . . 15
    2.2.1. Doppler 15
    2.2.2. Gesteuertes Stanzen und Vergleichen 20
2.3. Maschinelle Umsetzung von Markierungen im Hollerith-Schlüssel . . 26
2.4. Maschinelle Umsetzung von anderen Schlüsseln 28
2.5. Vollmaschinelle Datenerfassung 34

3. Sortieren 36
3.1. Einsatz der Sortiermaschine 36
3.2. Einsatz des Kartenmischers 38

4. Schreiben und Ausführung einfacher Rechenoperationen 42
4.1. Tabelliermaschine 42
4.2. Einfache Rechenoperationen 46
4.3. Maschinelle Gruppentrennung 51

5. Rechnen 54
5.1. Schalttafelprogrammierte Rechner für eine Rechenoperation . . . 54
5.2. Schalttafelprogrammierte Rechner für Rechenfolgen 56
5.3. Rechner mit intern gespeichertem Programm 61

6. Lochkartentechnologie 70
6.1. Arbeitsablaufplanung 71
6.2. Kostenermittlung und Preisbestimmung 76

Literaturhinweise 80

Sachwörterverzeichnis . . . . III. US

Einleitung

Die Entwicklung der Produktivkräfte in den letzten hundert Jahren hat viele Prozesse im gesellschaftlichen Leben derartig vergrößert und kompliziert, daß ihr Ablauf durch einfaches „Überblicken" der Situation nicht mehr gemeistert werden kann.

Die moderne Technik muß auch die Übertragung von Informationen und Nachrichten beschleunigen und die Verarbeitung großer Mengen von Zahlen bzw. Daten in annehmbarer Zeit gestatten.

Hermann Hollerith entwickelte für die Auswertung der statistischen Angaben von der amerikanischen Volkszählung im Jahre 1890 die erste Lochkartenmaschine. Aus der von ihm gegründeten „Tabulating Machines Company" ging 1924 die „International Business Machines Corporation" (IBM) hervor, die sich bis zur Gegenwart im kapitalistischen Wirtschaftssystem den größten Marktanteil für Datenverarbeitungsmaschinen sichern konnte.

Patentfragen zwangen die Konkurrenzunternehmen zur Entwicklung von Lochkartenmaschinen mit abweichenden Systemen. Dadurch haben sich bis heute die unterschiedlichen Systeme von *Hollerith* und *Power* erhalten. Beide Systeme verarbeiten zwar Lochkarten gleicher Größe, aber mit anderer Zeichenanordnung. Während im Hollerith-System die Lochkarte rechteckige Lochungen in 80 Spalten aufnimmt, werden die runden Lochungen beim System von *Power* in zwei übereinanderliegenden Reihen von je 45 Spalten angeordnet.

Das Hollerith-System wird von folgenden Firmen beim Bau konventioneller Lochkartenmaschinen angewendet: International Business Machines Corporation (IBM), Compagnie Bull — General Elektric (Bull), Sawod Analytitscheskich Maschin (SAM), VEB Büromaschinenwerk Sömmerda (Soemtron), International Computers und Tabulators Limited — London (ICT) und Sperry Rand Corporation (Remington Rand). Die beiden letzten Firmen nutzen ebenso wie Aritma Narodni Podnik Prag auch das System von *Power*.

Da das Typische der Lochkartentechnik nicht in dem Unterschied zwischen beiden Systemen zum Ausdruck kommt, wird im folgenden von den Arbeitsgebieten Lochen, Sortieren, Rechnen und Schreiben ein geschlossenes Bild nur im Rahmen eines einzigen Systems vermittelt, ohne damit das andere, vollkommen gleichberechtigte System abwerten zu wollen.

Zur Beantwortung der Frage, wo man die Lochkartentechnik einsetzen kann, reicht eine Aufzählung und Erläuterung der bisherigen Einsatzgebiete, wie Planung und Abrechnung in den Betrieben, Auswertung von Statistiken aus der Landwirtschaft, Medizin, dem Bibliothekswesen u. a., nicht aus. Die Grenzen der Lochkartentechnik werden durch die Arbeitsmöglichkeiten mit den Maschinen gesteckt. Die Arbeitsweise wird bei allen größeren Maschinen auf leicht auswechselbaren Schalttafeln mit Hilfe von Steckverbindungen wahlweise festgelegt. Deswegen werden die Grundelemente der Schalttafelprogrammierung in diesem Band als das Entscheidende der konventionellen Lochkartentechnik angesehen.

1. Der Datenträger Lochkarte

1.1. Verschlüsselung

Wer etwas über Tatbestände oder Vorgänge aussagen möchte, wird in den seltensten Fällen diese realisieren und vorführen, sondern anhand von Merkmalen charakterisieren und beschreiben.

Die Tatbestände und Vorgänge werden also durch Wörter widergespiegelt, die selber nur eine bestimmte Folge von Zeichen darstellen, die einem vorher vereinbarten Alphabet entnommen wurden.

Dieser Vorgang aus dem normalen Sprachgebrauch tritt ebenfalls bei der maschinellen Datenverarbeitung auf. Auch hier werden den Tatbeständen und Vorgängen Wörter zugeordnet, die aus Zeichenfolgen bestehen. Lediglich sind hier die Zeichen einem „Alphabet" entnommen, das auf die Zusammenstellung aller verschiedenen, maschinell erkennbaren Zustände zurückgeführt werden kann. Das Zuordnen der Tatbestände und Vorgänge zu Wörtern wird in diesem Zusammenhang verschlüsseln genannt.

Die Zuordnung, also der *Schlüssel*, sollte allgemein folgende Anforderungen erfüllen:

1. Eindeutigkeit. Allen Benutzern des Schlüssels sollte die richtige Zuordnung bekannt sein. Diese Forderung läßt sich jedoch nicht immer einfach verwirklichen.
2. Erweiterungsfähigkeit durch Schaffung von sinnvollen Wörtern für neue Tatbestände oder Vorgänge. Beispielsweise sollte der Schlüssel für Berufe auch die Aufnahme des „Programmierers" gestatten.
3. Möglichst große Anwendungs- und Gültigkeitsbereiche. Der Schlüssel sollte nicht verändert werden und längere Zeit gelten. Eine Veränderung verlangt stets, daß alle Benutzer des Schlüssels rechtzeitig davon informiert werden.

Bei der Aufstellung eines Schlüssels empfiehlt es sich, auf vorhandene Schlüssel zurückzugreifen oder analoge Schlüssel aus anderen Bereichen zu berücksichtigen. Man kann dadurch Doppelarbeit sparen.

Ein Schlüssel für die maschinelle Datenverarbeitung sollte möglichst nur solche Wörter enthalten, die die wesentlichen Merkmale der Tatbestände und Vorgänge nicht nur enthalten, sondern auch offensichtlich erkennen lassen. Dadurch können die Maschinen die Daten selbständig nach den vorhandenen Merkmalen gruppieren. Die Zugehörigkeit zu einer Merkmalsgruppe, kurz *Gruppe* genannt, wird durch gleiche Zeichen oder Zeichengruppen an bestimmten Stellen innerhalb der Zeichenfolge der Wörter zum Ausdruck gebracht. Auch im normalen Sprachgebrauch berücksichtigt man manchmal im Wortbau inhaltlich gleiche Merkmale, wie bei den Lochkartenmaschinen, der Lochkartentechnologie und dem Lochkartenfachmann.

Die Lochkartentechnik verlangt als Teilgebiet der maschinellen Datenverarbeitung wegen der Bedienung und Programmierung außerdem eine einheitliche Stellenzahl für die Wörter eines Schlüssels. Wegen der begrenzten Kapazität der Lochkarte sollte die Stellenzahl so gering wie möglich gehalten werden.

Die Stellenzahl richtet sich im allgemeinen nach den jeweiligen Bedingungen und sollte bei geforderter Kürze alles Wesentliche enthalten. Im Schlüssel werden die Zeichenstellen eines Wortes durch x gekennzeichnet. Bei einer Erklärung des Schlüssels faßt man die Zeichenstellen der Gruppen zusammen und fügt das entsprechende Merkmal hinzu. In der Praxis ist es üblich, der Gruppe mit dem allgemeinsten Merkmal die linken Zeichenstellen zuzuweisen.

Beispiel

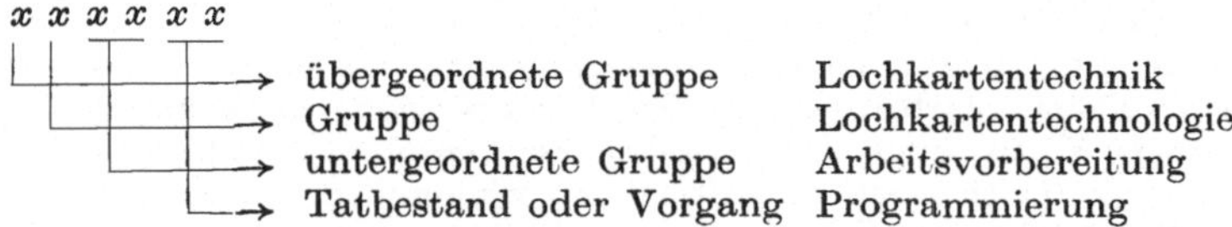

Das „Alphabet" der Hollerith-Lochkartenmaschinen enthält folgende Zeichen:

$$0, 1, 2, 3, 4, 5, 6, 7, 8, 9, 11, 12.$$

Diese Zeichen haben ihre besonderen Stellen auf der Lochkarte und in den Lochkartenmaschinen ihre gesonderte Impulszeit (Bild 1).

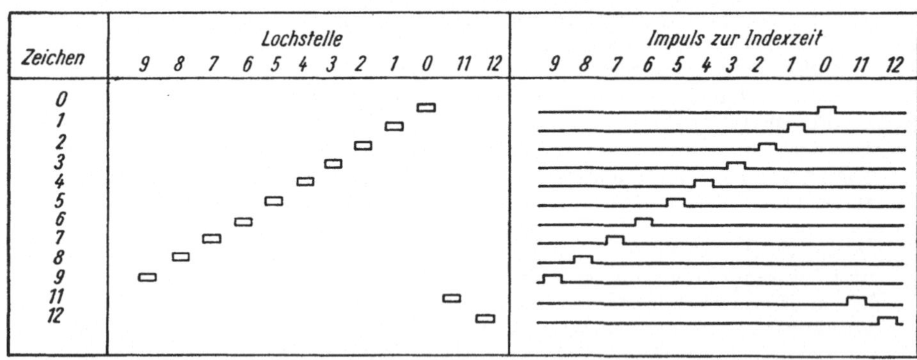

Bild 1. „Alphabet" der Hollerith-Lochkartenmaschinen

Die Verschlüsselung der Ziffern 0, 1, 2, ..., 9 erfolgt durch die entsprechenden Zeichen 0, 1, 2, ..., 9. Das negative Vorzeichen von Zahlen wird vielfach als Zeichen 11 verschlüsselt. Die Verschlüsselung der Buchstaben A, B, C, ..., Z richtet sich nach den vom Lochkartenmaschinen-Hersteller festgelegten Richtlinien. Am bekanntesten sind die der Firmen IBM und BULL (Tafel 1).

Tafel 1. Buchstabenschlüssel von IBM und BULL für Lochkarten

Buch-stabe	Schlüssel von	
	IBM	BULL
A	12 $\wedge$ 1	7 $\wedge$ 11
B	12 $\wedge$ 2	7 $\wedge$ 0
C	12 $\wedge$ 3	7 $\wedge$ 1
D	12 $\wedge$ 4	7 $\wedge$ 2
E	12 $\wedge$ 5	7 $\wedge$ 3
F	12 $\wedge$ 6	7 $\wedge$ 4
G	12 $\wedge$ 7	7 $\wedge$ 5
H	12 $\wedge$ 8	7 $\wedge$ 6
I	12 $\wedge$ 9	1
J	11 $\wedge$ 1	8 $\wedge$ 11
K	11 $\wedge$ 2	8 $\wedge$ 0
L	11 $\wedge$ 3	8 $\wedge$ 1
M	11 $\wedge$ 4	8 $\wedge$ 2
N	11 $\wedge$ 5	8 $\wedge$ 3
O	11 $\wedge$ 6	0
P	11 $\wedge$ 7	8 $\wedge$ 4
Q	11 $\wedge$ 8	8 $\wedge$ 5
R	11 $\wedge$ 9	8 $\wedge$ 6
S	0 $\wedge$ 2	9 $\wedge$ 11
T	0 $\wedge$ 3	9 $\wedge$ 0
U	0 $\wedge$ 4	9 $\wedge$ 1
V	0 $\wedge$ 5	9 $\wedge$ 2
W	0 $\wedge$ 6	9 $\wedge$ 3
X	0 $\wedge$ 7	9 $\wedge$ 4
Y	0 $\wedge$ 8	9 $\wedge$ 5
Z	0 $\wedge$ 9	9 $\wedge$ 6

Die Schlüssel werden im allgemeinen auf rein numerischer Basis aufgestellt. Diese Schlüssel gliedern sich in

1. fortlaufende Zahlenschlüssel oder Reihenschlüssel,
2. Gruppenschlüssel nichtdekadischer und dekadischer Art,
3. Dezimalschlüssel oder Dezimalklassifikation.

Die Anforderungen aus der maschinellen Verarbeitung werden am besten vom dekadischen Gruppenschlüssel erfüllt. Der Reihenschlüssel gestattet keine maschinelle Gruppenerkennung und wird deshalb nur innerhalb der Gruppen angewendet. Die Dezimalklassifikation weist keine einheitlich begrenzte Stellenzahl auf.
Buchstabenfolgen werden vielfach unter Berücksichtigung der Vorkommenshäufigkeit der einzelnen Buchstaben über einen der genannten numerischen Schlüssel in Zahlenfolgen umgewandelt. Als Beispiel kann man die Schlüssel der Familiennamen anführen.

1.2. Lochkarte

Damit die Daten in die Maschine eingegeben werden können, werden in der Lochkartentechnik als Datenträger *Lochkarten* verwendet. Im Gegensatz zum Lochband ist auf der Lochkarte die in Lochschrift dargestellte Zeichenmenge beschränkt. Man hat aber die Möglichkeit gewonnen, die Reihenfolge der Lochkarten vor der Eingabe in die Maschine zu verändern.

Im allgemeinen werden standardisierte Lochkarten mit einer Länge von 187,3 mm, einer Höhe von 82,55 mm und einer Dicke von 0,17 mm eingesetzt.

Die einzelnen Zeichenstellen sind in 80 Spalten untergebracht. Jede Spalte ist 2,21 mm breit und enthält 12 Zeichenmöglichkeiten in Form von Zeilen. Der Zeilenabstand beträgt 6,35 mm. Die Zeichenstelle ist mit der *Lochstelle* identisch, die jeweils nur 1,4 mm $\times$ 3,19 mm aufweisen soll. Diese Maße und die zugehörigen technisch zulässigen Abweichungen davon sind Inhalt einer DIN bzw. TGL. Gleichzeitig werden die Lagerbedingungen angegeben, um die für die einwandfreie Verarbeitung notwendige Maßhaltigkeit zu gewährleisten. Die relative Luftfeuchte der Räume soll 50 bis 60% und die Lufttemperatur 17 bis 23 °C betragen.

Die Beanspruchung durch die Maschine bedingt, daß die Lochkarten auch eine bestimmte Knick- und Zerreißfestigkeit haben müssen. Der Transport in den Maschinen verlangt planliegende, griffige Karten; das Kartenmesser muß eine kontinuierliche Zufuhr der Lochkarten aus dem Lochkartenstapel sichern. Die Funktionsfähigkeit der Maschinen wird durch Staubentwicklung beeinträchtigt. Das Abtasten der Lochkarten erfolgt mit unter elektrischer Spannung stehenden Bürsten, deshalb sollte der stanzbare Karton frei von stromleitenden Teilen sein. Einzelheiten über die technischen Anforderungen enthält die TGL 9309 für Lochkartenkarton, die seit 1961 verbindlich ist.

Beim Einsatz der Lochkarte als Datenträger haben sich einige allgemeingültige Begriffe herausgebildet. Die 80 Spalten nennt man *Lochspalten*. Diese Spalten werden entsprechend der Wortlänge bzw. der Schlüsselstellenzahl zu *Lochfeldern* zusammengefaßt. Ein sechsstelliges Wort wird in einem sechsspaltigen Lochfeld untergebracht. Die Zuordnung der zwölf Zeichenmöglichkeiten zu den zwölf *Lochzeilen* beginnt am oberen Kartenrand mit 12, 11 und wird dann mit 0, 1, 2, ..., 8, 9 fortgesetzt. Der Raum der Lochzeilen 12 und 11 heißt *Überlochzone*. Die Lochzeilen 0, 1, 2, ..., 8, 9 und die entsprechenden Zwischenraumzeilen stellen die *Normallochzone* dar. Die meisten Karten weisen in der Normallochzone Richtziffern für die Zeilen auf, die im allgemeinen die Lochstellen ausfüllen. Die ungeraden Richtziffern für die Spalten sind in der Zwischenraumzeile von 0 bis 1 und die Nummer 1 und die geraden Richtziffern in der Zwischenraumzeile von der Lochzeile 8 und 9 zu finden. Um die Lage der Lochkarte eindeutig feststellen zu können, ist normalerweise die linke obere Ecke abgeschnitten (Bild 2).

Neben dieser Art gibt es noch verschiedene Lochkarten, die man nach folgenden Merkmalen ordnen kann:

1. Form. Es existieren Lochkarten mit anderen Abmessungen, die eigene Maschinensysteme oder, wie z. B. bei der Talonkarte, besondere Zusatzeinrichtungen an den üblichen Maschinen bedingen. Sie weichen dann auch meist von der Anzahl der 80 Lochspalten ab.

Bei Lochkartenkarteien benötigt man die herausragende vierte Ecke; hier findet die Volleckenkarte Anwendung. Die gleichen Aufgaben erfüllen Registrierkarten mit herausragender Leitfahne.

2. Farbe. Die Einfärbung des allgemein üblichen beigefarbigen Lochkartenkartons erleichtert bei entsprechender Zuordnung die Unterscheidung der Lochkarten nach inhaltlichen Merkmalen.

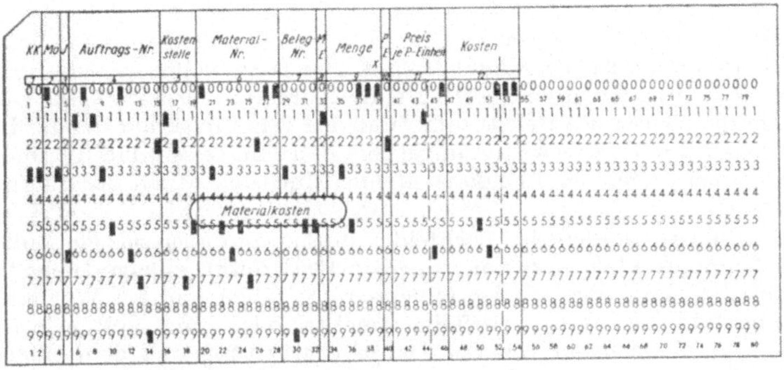

Bild 2. Lochkarte für Materialkosten

3. Aufdruck. Der Aufdruck der Lochkarte kann farbig ausgeführt bzw. mit farbigen Kennzeichen versehen werden. Man unterscheidet außerdem zwischen Leerkarten, Richtziffernkarten, Normalkarten, bei denen die Lochfeldbezeichnung in der Überlochzone vorgedruckt ist, Verbundkarten, die den Aufdruck eines Belegs enthalten, Entwurfskarten mit Markierungen für alle möglichen Lochstellen und schließlich Zeichenlochkarten für das Zeichenlochverfahren.

4. Verwendung der Lochkarten in den Rechenstationen. Es wird zwischen Einzel- oder auch *Originalkarten*, die aus der Ablochung der Daten einzelner Belege hervorgehen, und Summenkarten mit zusammengefaßten Daten unterschieden. Eine Lochkarte, deren Inhalt von einer anderen übertragen wurde, stellt eine *Duplikatkarte* dar. Lochkarten einer Kartei werden häufig Stamm- oder Matrizenkarten genannt. Sie dienen als Steuer- oder Leitkarten. Die Leitkarten enthalten oder vervollständigen Merkmale der Kartengruppe, der sie vorausgehen. Die übrigen Karten stellen Folgekarten dar. Die Steuer- oder *Programmkarten* sollen durch bestimmte Lochungen maschinelle Funktionen auslösen. Zur Kontrolle der Funktionssicherheit von Maschinen verwendet man Probe- oder Prüfkarten.

5. Inhalt. Die Benennung der Lochkarte erfolgt häufig nach dem Gruppenbegriff der wesentlichen in der Lochkarte abgelochten Daten, wie beispielsweise bei der Auftragskarte, Materialeingangskarte, Arbeitskräftestammkarte, Krankenkarte und Literaturkarte.

1.3.　Beleg und Lochkarte

Die Lochkarte ist nicht nur maschinell auswertbar, sondern stellt auch
das Bindeglied zwischen den Aufzeichnungen der Menschen, d. h. der
Belege, und der maschinellen Verarbeitung dar. Sie muß also nicht nur
den Anforderungen der verarbeitenden Anlagen gerecht werden, sondern
auch die Erfordernisse der Belege berücksichtigen. In einigen Fällen
führten aber auch die Anforderungen der Lochkartentechnik erst zu einer
exakten Beleggestaltung.

Im Zusammenhang mit der Lochkartentechnik sollte der Beleg so aufgebaut sein, daß die abzulochenden Angaben möglichst in Blöcken zu
finden sind und durch eine starke Umrandung, besonders bei einer manuellen Übertragung, leicht erkennbar sind. Die Datenfelder müssen Hinweise über den Inhalt und eine fortlaufende Numerierung aufweisen. Die
Reihenfolge der Daten des Belegs sollte mit der Datenfolge auf der Lochkarte übereinstimmen. Die Abkürzungen bei den Hinweisen und die fortlaufende Numerierung der Lochkartenfelder sind mit denen des Belegs
abzustimmen.

Auf der Lochkarte werden die Lochfelder durch eine ausgezogene Linie
getrennt. Kommastellen sind vom übrigen Feld durch eine gestrichelte
Linie abgeteilt. Die Frage, ob bei fehlenden Angaben und bei Wörtern,
die ein Lochfeld nicht voll ausfüllen, nichts oder eine Null gelocht
werden soll, muß nach der Art der Datenverarbeitung und dem eingesetzten Maschinentyp entschieden werden. Gegenwärtig gilt als allgemeine
Richtlinie, daß Lochfelder für Ordnungsmerkmale vollständig ausgelocht
werden. Es wird mit Vornullen gearbeitet, d. h., es werden die übrigen
Lochspalten vor dem zu kurzen Wort in einem Feld mit Nullen ausge-
füllt.

Die Lochkarte sollte stets ein Kartenkennzeichen, normalerweise in den
Lochspalten 1 und 2, aufweisen; damit wird die Zuordnung zu einem ganz
bestimmten Aufgabenbereich gesichert. Arbeitet man mit verschiedenen
Lochkartenarten, so sollte man darauf achten, daß gleiche Angaben in
den verschiedenen Lochkarten auch in den gleichen Lochspalten untergebracht werden.

Sind der Beleg und die Lochkarte getrennte Elemente und werden die
Angaben vom Beleg nur auf die Lochkarte übertragen, so wird normalerweise die Ziffernkarte ohne oder mit Kopfaufdruck und Lochfeldeinteilung
ausreichen. Der Kopfaufdruck in der Überlochzone enthält meist die
Hinweise über den Inhalt der Lochfelder und die Lochfeldnummer.

Der Beleg und die Lochkarte können aber auch eine Einheit bilden.
Der Vorteil besteht in der maschinellen Belegsortierung und in der
Papiereinsparung. Dabei werden entweder die Belegangaben abgelocht
oder die abgelochten Daten in Belegangaben übersetzt. Im ersten
Fall spricht man von *Verbundkarten*, die durch diese Kombination besonderen Anforderungen unterliegen. Außer der schonenden Behandlung
während des Belegdurchlaufs der Verbundkarte, die vielfach deswegen in
einer Plasthülle aufbewahrt wird, müssen die Vordrucke und Eintragungen
gewissen Bedingungen genügen. Beim Aufdrucken der Beleghinweise,
-felder und -angaben sind maschinenbedingte Verschiebungen oder Ver-
wischungen möglich, die nicht gleich zur Unbrauchbarkeit der Lochkarte

führen sollten. Die Druckereien arbeiten mit Papierstandardformaten, die von denen der Lochkarte abweichen. Beim Einsatz des Umdruckverfahrens ist ein Abstand des Druckes vom linken Kartenrand von 17 bis 20 mm wünschenswert. In Schreibmaschinenfeldern kann für ein Zeichen eine Lochspaltenbreite vorgesehen werden. Es empfiehlt sich, an den Seiten ein bis zwei Spalten wegen Verschiebungen zuzugeben. Beim Schreibfeld für manuelle Eintragungen muß für eine Schreibstelle der Raum von zwei Lochspalten offengelassen werden. Besteht beispielsweise ein Schreibfeld aus fünf Ziffern, so müssen dafür zehn Lochspalten eingeräumt werden. Die Schreibstellen sollten durch gestrichelte Linien voneinander getrennt sein. Die Eintragung der entscheidenden Daten muß in der Zwischenraumzeile erfolgen, damit bei einer Kontrolle oder Revision der Inhalt des Belegs zu jeder Zeit lesbar ist. Dabei ist die abgelochte Größe in der Lochkarte ohne Bedeutung. Die Bezeichnung und Numerierung der Belegfelder kann dagegen auf der Lochzeile eingetragen sein. Ihre mangelnde Lesbarkeit nach dem Ablochen ist von geringerer Bedeutung, da fast immer Karten mit der gleichen Bezeichnung und Numerierung vorliegen.

Außerdem sind beim Belegaufbau auf einer Lochkarte die zum Ablochen eingesetzten Maschinen zu berücksichtigen. Beispielsweise verdeckt die Stanzeinrichtung des normalen Magnetlochers beim manuellen Ablochen die betreffende Lochspalte und eine links sowie fünfundsechzig rechts davon liegende Lochspalten. Die Bedienungskraft muß aber zu jeder Zeit die abzulochenden Angaben lesen können. Deshalb ist es nicht möglich, die Belegangaben in den Spalten unterzubringen, in die sie eingelocht werden sollen. Der Ablochvorgang kann durchaus dazu führen, daß die Einhaltung der logischen Datenfolge schwierig ist.

Beim vollmaschinellen Ablochen von Belegen sind gegenwärtig spezielle Markierungen an bestimmten Zeichenstellen auf der Lochkarte durchzuführen. Dabei sind die Abweichungen von der gewünschten Eintragung so klein wie möglich zu halten. Diese Zeichenfelder müssen häufig von anderen Eintragungen frei gehalten werden. Der Belegaufbau ist dabei stark von dem eingesetzten Maschinentyp abhängig.

Ebenfalls richtet sich das Schriftbild oder die Beleggestaltung nach dem angewendeten Maschinentyp, wenn die abgelochten Daten in Belegangaben übersetzt werden sollen. Man bezeichnet diesen Vorgang als *Lochschriftübersetzen*. Die dazu notwendigen Maschinen sind in der Lage, alphanumerische Lochkombinationen zu lesen und die zugehörigen Zeichen auf der Lochkarte zu drucken. Das Drucken erfolgt meist am oberen Kartenrand, kann aber auch bei programmierbaren Lochschriftübersetzern in einer Zwischenraumzeile und versetzt erfolgen. Beim Versetzen wird das Zeichen einer Lochspalte nicht in der gleichen Spalte, sondern in irgendeiner anderen Spalte gedruckt. Soll beispielsweise mit einer Lochkartenkartei manuell gearbeitet werden, d. h., werden einzelne Karten herausgesucht und einsortiert, so empfiehlt sich ein Lochschriftübersetzen der wesentlichsten Angaben jeder Lochkarte auf ihrem oberen Kartenrand. Dazu muß ein freier Raum von 9 mm vorgesehen werden.

2. Lochen

Das Übertragen der Belegangaben in die Lochschrift der Lochkarte kann auf mehreren Wegen erfolgen. Im wesentlichen haben die nachstehenden Verfahren Verbreitung gefunden.

2.1. Lochen durch manuelles Eintasten

Dieses Verfahren, auch *Nachlochverfahren* genannt, wird sehr häufig angewendet. Man versteht darunter das Lesen der Belegangaben durch den Menschen und die anschließende manuelle Eintastung der Daten in Maschinen. Diese stanzen die Angaben in Lochkarten oder vergleichen die Angaben mit den in der Lochkarte vorhandenen Lochungen.

Es werden im allgemeinen folgende wesentliche Maschinenarten eingesetzt: Magnetlocher, Magnetprüfer, Motorlocher, Motorprüfer, Motorwiederholungslocher und Motorspeicherlocher.

Beim *Magnetlocher* (Bild 3) werden die Lochungen durch die mechanische Bewegung des Ankers eines Magneten erreicht. Dazu wird die Lochkarte in den links von der Locherbrücke stehenden Kartenwagen gelegt und mit dem Wagen unter der Locherbrücke bis zum rechten Anschlag geschoben. Jetzt kann mit dem Ablochen der Lochkarte in der ersten Lochspalte begonnen werden. Das Niederdrücken einer der zwölf Lochtasten bewirkt das Festsetzen des zugehörigen Lochstempels, das Einschalten des Stromflusses durch den Magneten und damit die Ablochung der unter den Stempeln

Bild 3. Magnetlocher Soemtron 413 im Einsatz

befindlichen Lochspalten. Anschließend wird die Lochkarte durch Freigabe des Wagenrücklaufs um eine Lochspaltenbreite weiter transportiert. Es ist möglich, eine Lochung in der Normallochzone und eine Lochung in der Überlochzone gleichzeitig auszuführen. Alle anderen Kombinationen werden durch den normalen Magnetlocher blockiert. Das Tastenfeld enthält außer den zwölf Lochtasten noch eine Leertaste zum Überspringen einer Lochspalte und eine Auslösetaste für den vollständigen Wagenrücklauf in die Ausgangsstellung. Ein Zeiger oberhalb der Kartenbahn weist auf die Lochspalte hin, in der eine Lochung ausgeführt werden kann. Eine Splitteinrichtung an der Oberseite des Wagens gestattet je nach Einstellen das automatische Überspringen von Lochspalten beim Ablochen.

Nach dem Ablochen wird der Inhalt der Lochkarte wegen der großen Fehlermöglichkeit beim Lesen und Eintasten der Daten normalerweise geprüft. Hierzu dient der *Magnetprüfer*. Der Arbeitsvorgang ähnelt dabei sehr stark dem Ablochvorgang. Statt der Lochstempel ist für jede Lochzeile eine Abfühlbürste vorgesehen. Nach dem Niederdrücken einer Prüftaste wird die Lochkarte nur dann um eine Spalte weiter transportiert,

Bild 4. Blick in einen mit BULL-Motorlochern ausgerüsteten Locherraum

wenn die gedrückte Taste mit der Lochung in der zu prüfenden Lochkartenspalte übereinstimmt. Im anderen Fall wird der Wagentransport gesperrt. Nach Betätigung der Auslösetaste kann die Karte dem Magnetprüfer entnommen werden, um die fertige Karte abzulegen oder den Grund für die eventuelle Nichtübereinstimmung zwischen den Belegangaben und dem Inhalt der Lochkarte durch visuelle Kontrolle zu ermitteln. Eine fehlerhafte Lochkarte kann nicht korrigiert werden, sondern muß durch eine neue ersetzt werden. Durch diesen Prüfvorgang können bereits die meisten Ablochungsfehler aufgedeckt und ihre Beseitigung veranlaßt werden.

Die Arbeit am Magnetlocher und -prüfer ist verhältnismäßig monoton. Bei 150 Anschlägen je Minute ist sie selbst für eine geübte Arbeitskraft mit einer einseitig hohen physischen Belastung verbunden.

Eine Erleichterung bringt der *Motorlocher*. Der Ablochvorgang ähnelt dem beim Magnetlocher. Dagegen erfolgt die bisher manuelle Zuführung und Ablage beim Motorlocher automatisch. Durch einen Druck auf die Auslösetaste wird die fertiggelochte Karte maschinell ins Ablagefach gelegt, eine neue Karte dem Zufuhrmagazin entnommen und in Bereitschaftsstellung zum Ablochen transportiert. Der Motorlocher gestattet ferner die maschinelle Übernahme von Daten aus einer Lochkarte in die zu lochende Karte. Dazu weist der Motorlocher eine Abfühleinrichtung für die Originalkarte auf. Diese *Abfühlstation* ist, ähnlich wie beim Magnetprüfer, mit zwölf Bürsten für die einzelnen Lochzeilen ausgerüstet und tastet jeweils immer nur eine Lochspalte der Originalkarte ab. Die Originalkarte, die von Hand eingelegt und wieder herausgenommen wird, läuft mit der abzulochenden Karte synchron. Befindet sich beispielsweise die zehnte Lochspalte der Duplikatkarte unter den Lochstempeln, so liegt gleichzeitig die zehnte Lochspalte der Originalkarte unter der Abfühlstation. Sämtliche Lochungen der Originalkarte werden spaltenweise abgefühlt, als Impulse zur Stanzeinrichtung übertragen und die Lochung in der *Duplikatkarte* automatisch ausgelöst. Die am Motorlocher eingesetzte Arbeitskraft muß erst dann in den Ablauf eingreifen, wenn die unter der Abfühlstation befindliche Lochspalte der Originalkarte keine Lochstelle enthält. In diese Spalten der Duplikatkarte können Daten eingelocht werden, die von der Arbeitskraft in das vorhandene Tastenfeld eingetastet werden. Da das Einlegen einer neuen Originalkarte eine Unterbrechung des normalen Arbeitsrhythmus beim Eintasten der Daten darstellt, wird eine Originalkarte nur für relativ konstante Daten vorgesehen.

Wechseln die konstanten Daten schon nach wenigen Karten, so setzt man vorteilhafter einen *Speicherlocher* ein. Er hat die gleiche Ausrüstung wie der Motorlocher, weist aber zusätzlich einen elektromechanischen *Speicher*, d. h. einen Relaisspeicher, auf. Bei manuellen Einlochungen in die Duplikatkarte können durch Einstellen eines Schalters für die Speichereingabe gleichzeitig die Daten im Relaisspeicher aufbewahrt werden. Nach Rückstellung des Schalters können in die nächste Duplikatkarte die gleichen Angaben rein maschinell eingestanzt werden, indem der Speicher die richtige Einstellung der Lochstempel steuert. Die Kapazität des Relaisspeichers reicht im allgemeinen nicht zur Aufnahme von Daten für alle 80 Spalten in einer Lochkarte. Damit der Speicher für jede beliebige Lochspalte Angaben aufnehmen kann, muß die Ein- und Ausgabe von außen gesteuert werden. Die Ein- und Ausgabe des Speichers beginnt stets mit der ersten Speicherstelle. Die Steuerung der Eingabe ist schon angedeutet worden. Damit die Ausgabe selbständig, d. h. von der direkten Bedienung unabhängig, ablaufen kann, überträgt man die Steuerung der Speicherausgabe der Originalkarte, womit sie gleichzeitig zur Programmkarte wird. Für diesen Befehl erhalten die entsprechenden Lochspalten der *Programmkarte* eine Lochkombination, die keinen Schlüssel für die Ziffern und Buchstaben darstellt. Außerdem kann die Programmkarte weitere Lochkombinationen für andere Steuerungsfunktionen aufnehmen. So kann beispielsweise auch das Überspringen von Lochspalten sowie die Beendigung des Ablochvorgangs bei einer bestimmten Lochspalte und das Ablegen der Karte gesteuert werden. Durch den rein maschinellen Ablauf der Lochung steigen die Sicherheit und die Geschwindigkeit des Ablochvorgangs. Die maschinelle Ablochgeschwindigkeit liegt bei zwölf Lochspalten je Sekunde.

Da die einzelnen Lochkarten wohl kaum reine Duplikatkarten beim Ablochen von Belegangaben darstellen, ist die unmittelbare Mitwirkung des Menschen das Entscheidende. Er bestimmt die Übertragungsgeschwindigkeit und im wesentlichen die Fehlermenge. Zusätzliche Prüfgänge und

Kontrollen beim Auswerten führen zu einem großen Zeitaufwand und zu
hohen Kosten. Selbst wenn anschließend für die maschinelle Auswertung
der Daten sehr schnelle elektronische Maschinen eingesetzt werden, so liegt
trotzdem bei diesem Lochverfahren eine erhebliche Zeitdifferenz zwischen
dem Beleganfall und seiner Auswertung. Hierdurch wird häufig der Wert
der Information beeinträchtigt.

2.2. Maschinelle Übertragung von in Lochschrift vorhandenen Daten

Bei diesem Ablochverfahren, auch *Vorlochverfahren* genannt, werden die
in Lochschrift vorhandenen Daten aus Originalkarten maschinell gelesen
und in Duplikat- oder Folgekarten mechanisch eingestanzt. Das Verfahren
spart Arbeit und Zeit beim manuellen Ablochen, wenn die Daten in den
Originalkarten sowieso für andere Auswertungen eingelocht wurden oder
wenn die Daten in mehrere Duplikat- oder Folgekarten zu übertragen sind.
Meist kann durch das maschinelle Übertragen ein Teil der Arbeitsspitze
beim manuellen Ablochen kurz vor den Abrechnungsterminen beseitigt
werden, indem die Herstellung der Originalkarten und das maschinelle
Stanzen der Duplikat- oder Folgekarten zu Zeiten mit geringerem Arbeits-
anfall durchgeführt werden. Selbstverständlich ersetzt das maschinelle
Übertragen nicht das manuelle Ablochen, sondern es wird in Kombination
mit ihm eingesetzt. Durch die maschinelle Übertragung wird die Planung
und Durchführung des Arbeitsablaufs in den Lochkartenstationen komplizierter, da die Daten durch manuelle Eintragungen vervollständigt
werden müssen. Notwendige Lochkartenkarteien von Originalkarten
müssen sorgfältig aufbewahrt und durch einen gut organisierten Ände-
rungsdienst stets auf dem laufenden gehalten werden. Außerdem erfordert
das maschinelle Übertragen maschinentechnisch den Einsatz eines Motorlochers oder Dopplers.

Mit der maschinellen Übertragung wird in der Praxis beispielsweise bei
der Umsatzabrechnung des Großhandels, bei der Auftragsausschreibung
in der Technologie, bei der Nettolohnrechnung und bei der Planung gearbeitet. Die Grenzen der Anwendungsmöglichkeiten werden letztlich
durch die ausführbare Arbeitsorganisation und die zur Verfügung stehenden Maschinen gesetzt.

Der Motorlocher ist schon beim vorhergehenden Ablochverfahren be-
schrieben worden. Dort stand die Arbeitsentlastung durch die automatische Zufuhr und Ablage der Lochkarten im Vordergrund. Bei der rein
maschinellen Übertragung legt man besonderen Wert auf die maschinelle
Übernahme der Angaben von den Originalkarten in die Kopien bzw.
Duplikatkarten. Eine wesentliche Arbeitsersparnis ergibt sich erst dann,
wenn der Motorlocher es gestattet, mehrere Duplikatkarten von einer Originalkarte anzufertigen. Der Einsatz beschränkt sich also auf das Serien-
stanzen von Duplikatkarten.

2.2.1. *Doppler*

Der Doppler wird wegen seiner Vielseitigkeit vor allem für maschinelle
Übertragungen eingesetzt.

Er hat folgende Aufgaben:

1. Doppeln,
2. Stanzen konstanter Daten,
3. durch Lochkarten gesteuertes Doppeln oder Stanzen,
4. Vergleichen von Daten,
5. Übertragen von Daten aus Leitkarten in Folgekarten.

*Bild 5. Kartendoppler BULL 75.80. Die Schalttafel ist an der Seite angebracht.
Dahinter steht der mit Elektronenröhren ausgerüstete Rechner ASM 18 von Soemtron*

Der Doppler hat zwei Kartenbahnen, die man als Stanz- bzw. Abfühlbahn
bezeichnet (Bild 6). Die Lochkarten werden normalerweise so in die Zu-
fuhrschächte gelegt, daß sie die jeweilige Bahn mit der unteren Kartenkante voraus und mit der Aufschrift nach unten durchlaufen. Sie werden
mittels Kartenmessers automatisch dem Zufuhrschacht entnommen und
zwischen Transportwalzen geschoben, die sie bis ins Ablagefach transportieren.

Die Abfühlbahn nimmt die Lochkarten auf, die nur maschinell gelesen
werden sollen. Dazu befinden sich mehrere Abfühleinrichtungen oder auch
-stationen auf der Kartenbahn. Jede *Abfühlstation* ist mit 80 Bürsten

ausgerüstet, die das gleichzeitige Abtasten aller 80 Spalten der Lochkarte gestatten. Die Lochkarte gleitet in der Abfühlstation zwischen dem Bürstensatz und einer stromführenden Kontaktwalze hindurch. Jede Lochstelle der Karte gibt somit während kurzer Zeit den Stromfluß von der Kontaktwalze zur Bürste frei. Die Zeitdauer für das Abtasten einer

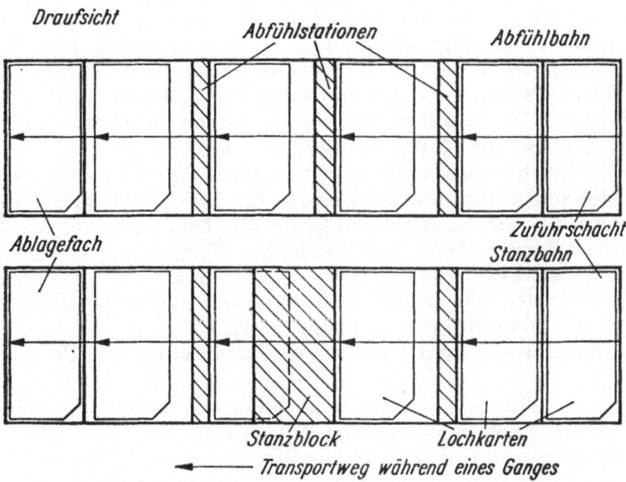

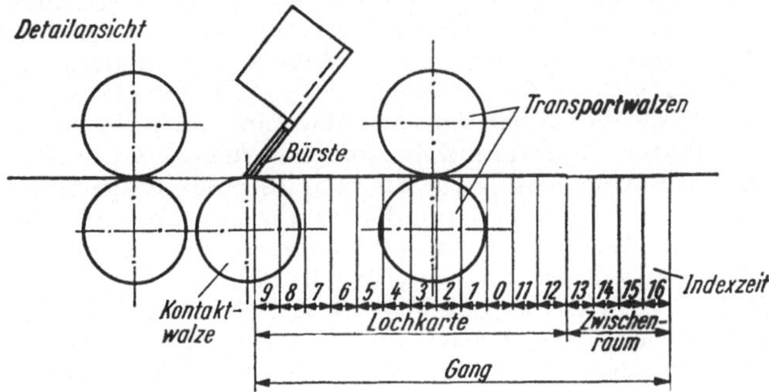

Bild 6. Kartentransport eines Dopplers

Lochkarte wird allgemein als *Gang* bezeichnet. Diese Zeit ist meist mit einer vollen Umdrehung der Maschinenhauptwelle gekoppelt und sichert den Transport der folgenden Karte bis in die Ausgangslage der vorhergehenden. Die Zeitdauer für die Abtastung einer Lochzeile der Lochkarten stellt eine sog. *Indexzeit* dar. Die verschiedenen Zeichen des Hollerith-Schlüssels führen somit zu Stromimpulsen bei unterschiedlichen Index-zeiten innerhalb eines Ganges. Ein Gang besteht aus den zwölf Index-zeiten für die Lochkarte und den Indexzeiten für den Zwischenraum von Lochkarte zu Lochkarte. Im allgemeinen sind es insgesamt 16, 18, 20 oder 24 Indexzeiten. Da die Lochkarte mit der unteren Kartenkante voraus die Kartenbahn durchläuft und mit der Zählung der Indexzeiten bei der Lochkarte begonnen wird, ist die erste Indexzeit jedes Ganges für den Impuls von der 9 des Hollerith-Schlüssels vorgesehen. Sie heißt deshalb auch Indexzeit 9. Es folgen Indexzeit 8, 7, 6, 5, 4, 3, 2, 1, 0, 11, 12. Den weiteren Indexzeiten ordnet man die darauffolgenden Zahlen zu, also 13, 14, 15, 16 usw. Da die Abtastung der Lochkarte von Indexzeit 9 bis 12 erfolgt und in den folgenden Indexzeiten die Bürsten direkt die Kontaktwalzen in den Abfühlstationen berühren, wird die Kontaktwalze nur während der Indexzeit 9 bis 12 unter elektrischer Spannung gehalten.

Auf der Stanzbahn können die Karten gelocht und gelesen werden. Deshalb hat sie Abfühleinrichtungen und eine *Stanzeinrichtung*. Diese Einrichtung ist entweder mit achtzig Stanzstempeln für jede Lochspalte oder mit 12 · 80 Stempeln für jede Lochstelle ausgerüstet. Im ersten Fall wird jede Lochzeile extra gestanzt. Die Einstellung der Werte kann also erst nach Ausführung der Stanzung der vorhergehenden Lochzeile erfolgen. Ebenso werden die Angaben wegen der Einstellung der nächsten zu stanzenden Werte gelöscht. Diese Stanzeinrichtung verlangt für die Stanzung konstanter Daten in mehrere Lochkarten stets eine erneute Eingabe der Daten.

Im zweiten Fall wird auch vom *Stanzblock* gesprochen. Es wird nur ein Stanzvorgang während eines Kartengangs ausgeführt. Im Stanzblock besteht die Möglichkeit, die zu stanzenden Angaben während der Stanzung mehrerer Lochkarten zu erhalten, indem man das Löschen der Einstellung verhindert.

Die vielseitige Anwendbarkeit des Dopplers beruht auf der Möglichkeit, die auszuführende Arbeit auf einer *Schalt-* oder *Programmtafel* durch Verbinden der Bauelemente des Dopplers mittels Schaltschnüren oder Kabels zu programmieren oder zu schalten. Die Programmtafel ist mit wenigen Handgriffen auswechselbar an der Maschine angebracht und kann mit einem gesteckten Programm aufbewahrt werden. Zum Schalten müssen die einzelnen Bauelemente, wie die Abfühl- und Stanzeinrichtungen, Buchsen bzw. Buchsenfelder auf der Programmtafel aufweisen. Alle 80 Bürsten der Abfühlstation sind mit 80 Buchsen auf der Programmtafel verbunden. Die Stanzeinrichtung hat ebenfalls 80 Buchsen für die 80 zu lochenden Lochspalten. Um das Löschen der Angaben im Stanzblock verhindern zu können, enthält die Programmtafel ferner eine Buchse, die beim Empfang eines Stromimpulses je nach Maschinentyp die Löschung gestattet oder negiert. In einigen Fällen möchte man die Abtastung in den Abfühleinrichtungen unterbinden; aus diesem Grund wird der Stromlauf zur Kontaktwalze ebenfalls über die Programmtafel geleitet.

Die Schaltung von Abfühl- und Stanzeinrichtung läßt sich am besten an einem Beispiel zum Doppeln von Lochkarten erklären. Die Originalkarten werden in den Zufuhrschacht der Abfühlbahn eingelegt und die ungelochten Duplikatkarten in den der Stanzbahn. Nach dem Start durchlaufen die Karten die jeweilige Bahn. Es sollen nun die Daten aus den Spalten 27 bis 34 in der Originalkarte in die Spalten 3 bis 4 und 53 bis 58 der Duplikatkarte übernommen werden. Dazu werden die Buchsen der Spalten 27 bis 34 einer Abfühleinrichtung von der Abfühlbahn mit den

Buchsen der Spalten 3 bis 4 und 53 bis 58 der Stanzeinrichtung verbunden. Um eine synchrone Ablage der Original- und Duplikatkarten zu erreichen, wird man auf der Abfühlbahn die Abfühlstation wählen, von der aus die Lochkarte die gleiche Gangzahl bis zur Ablage wie die von der Stanzeinrichtung benötigt. Wir nehmen an, es sei die zweite Station, und bezeichnen die Einrichtung, da sie auf der Abfühlbahn liegt, kurz mit $A2$.

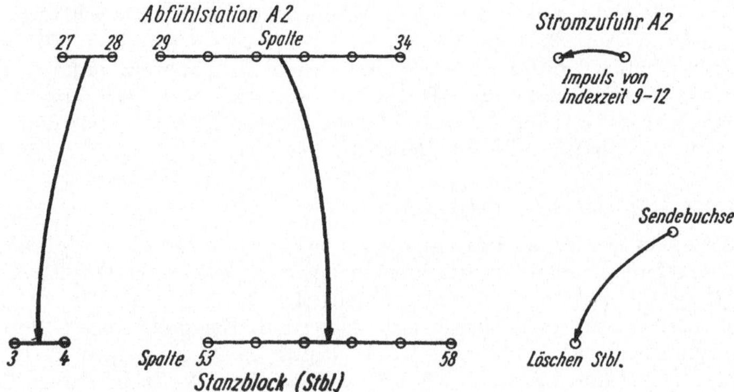

Bild 7. Schaltschema: Doppeln

Für diese Station ist außerdem auf der Programmtafel die Anschlußbuchse der Kontaktwalze mit einer Buchse zu verbinden, die während der Indexzeit 9 bis 12 einen Impuls sendet. Wir nehmen ferner an, daß es sich um einen Stanzblock *Stbl.* handelt, dessen Löschung nach jedem Stanzgang

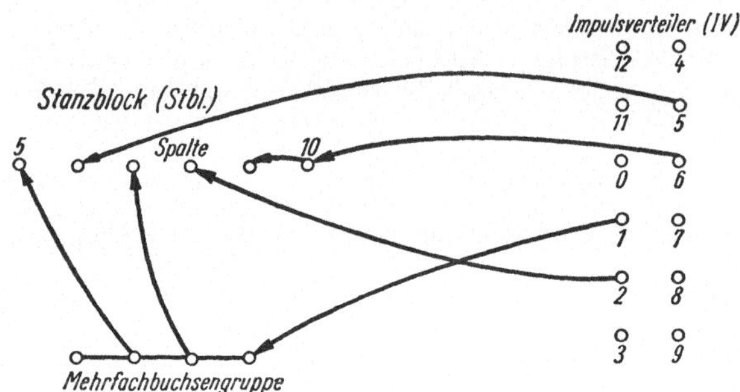

Bild 8. Schaltschema: Stanzen konstanter Daten

erregt werden muß. Diese Buchse muß ebenfalls mit einer Sendebuchse auf der Tafel verbunden werden, da von jeder Karte neue Angaben zu stanzen sind.

Bei der zeichnerischen Darstellung einer solchen Schaltung ist es wegen der Übersicht allgemein üblich, parallel verlaufende Verbindungskabel nur mit einem Pfeil in Impulsrichtung anzudeuten und die zugehörigen Buchsen durch einen Strich zu verbinden und damit von den übrigen abzugrenzen (Bild 7). Die Programmtafel gestattet es also beim Doppeln, Spalten auf der Duplikatkarte gegenüber der Originalkarte zu versetzen und durch Nichtverbinden zu unterdrücken.

Auf dem Doppler können auch konstante Daten ohne Originalkarte in eine Anzahl von Lochkarten gestanzt werden. Dazu besteht ein *Impulsverteiler IV*, dessen zwölf Buchsen auf der Programmtafel jeweils einen Impuls zu einer der Indexzeiten 9 bis 12 abgeben. Eine Buchse sendet beispielsweise zur Indexzeit 3. Das Einstanzen des Datums 15. Dez. 66 in die Lochspalten 5 bis 10 der auf der Stanzbahn befindlichen Lochkarten kann von der Programmtafel aus festgelegt werden. Wird ein Impuls mehrfach benötigt, so werden Mehrfachkabel eingesetzt oder Mehrfachbuchsengruppen zwischengeschaltet (Bild 8).

2.2.2. *Gesteuertes Stanzen und Vergleichen*

Bei vielen Arbeiten wird die Einstanzung der Daten aus den Originalkarten oder dem Impulsverteiler von den in den Original- oder Duplikatkarten enthaltenen Angaben abhängig gemacht. Das Stanzen und Doppeln muß also von den Lochkarten her gesteuert werden. Beispielsweise sollen die Angaben aus den Spalten 58 bis 61 der Originalkarte nur dann in die Spalten 65 bis 68 der Duplikatkarte übertragen werden, wenn in Spalte 7 der Duplikatkarte keine 3 enthalten ist. Weist die Spalte 7 eine 3 auf, so ist konstant die Zahl 3571 einzustanzen. Der Stanzvorgang kann innerhalb eines Ganges nicht mehr gesteuert werden, da der Stanzblock schon zur Indexzeit 9 durch eine 9 eingestellt werden kann und die hier benötigte Steuergröße erst später zur Indexzeit 3 auftritt. Das bedeutet, daß die Steuerung schon von einem vorhergehenden Gang aus eingeleitet werden muß. Zu diesem Zweck ist noch eine Abfühleinrichtung vor dem Stanzblock angeordnet, die mit $S1$ bezeichnet wird, und eine weitere ($A1$) vor der Abfühlstation $A2$. Auf beiden Stationen soll die Abtastung der Karten einen Gang früher als unter $A2$ erfolgen. Außerdem werden zum Aussteuern verschiedene Relais benötigt, die ebenfalls Anschlußbuchsen auf der Programmtafel haben.

Als erstes soll das Filter F genannt werden (Bild 9). Es ist ein einfaches Relais mit einem Umschaltkontakt. Die Erregung ist bei einigen Ausführungen programmierbar, wird manchmal aber auch auf bestimmte Impulse festgelegt

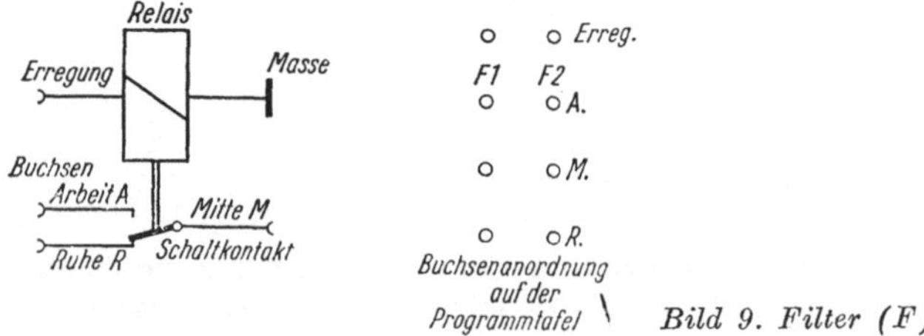

Bild 9. Filter (F)

und intern verdrahtet. Falls nicht alle drei Schaltkontaktanschlüsse Buchsen auf der Programmtafel aufweisen, unterscheidet man zwischen Plus- und Minusfilter. Beim Plusfilter erscheinen der mittlere Kontakt oder Zunge, auch Mitte oder M genannt, und der Arbeitskontakt, auch Arbeit oder A genannt, auf der Programmtafel. Das Minusfilter hat statt der Buchse für die „Arbeit" eine Buchse für den Ruhekontakt, auch als Ruhe oder R bezeichnet. Das Plusfilter gestattet den Stromfluß zwischen M und A bei Erregung. Das Minusfilter erlaubt nur einen Stromfluß zwischen M und R, wenn es nicht erregt ist.

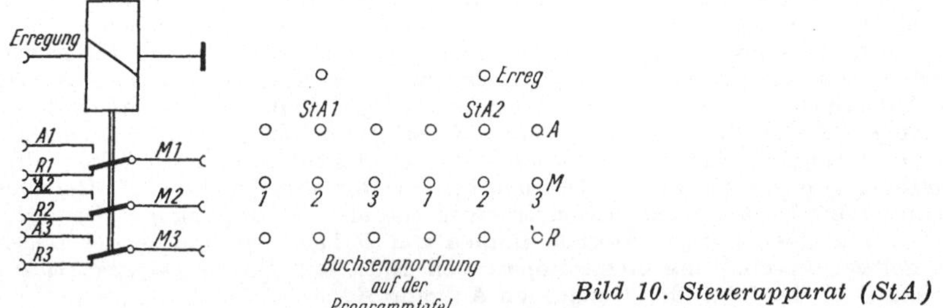

Bild 10. Steuerapparat (StA)

Außerdem werden Steuerapparate StA für Schaltungen benutzt (Bild 10). Es sind Relais mit mehreren unabhängigen Umschaltkontakten. Die Steuerapparate sind von der Schalttafel aus erregbar.

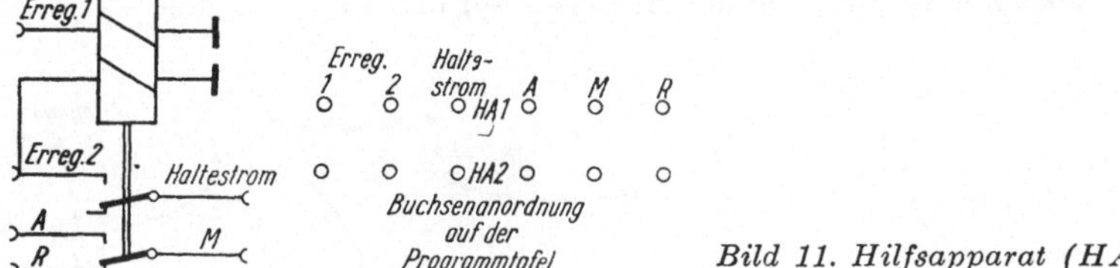

Bild 11. Hilfsapparat (HA)

Um die Erregung durch kurze Impulse von beispielsweise einer Indexzeitdauer über längere Zeit ausnutzen zu können, gibt es *Hilfsapparate HA*. Es sind Relais mit doppelter Erregerwicklung und zwei unabhängigen Umschaltkontakten

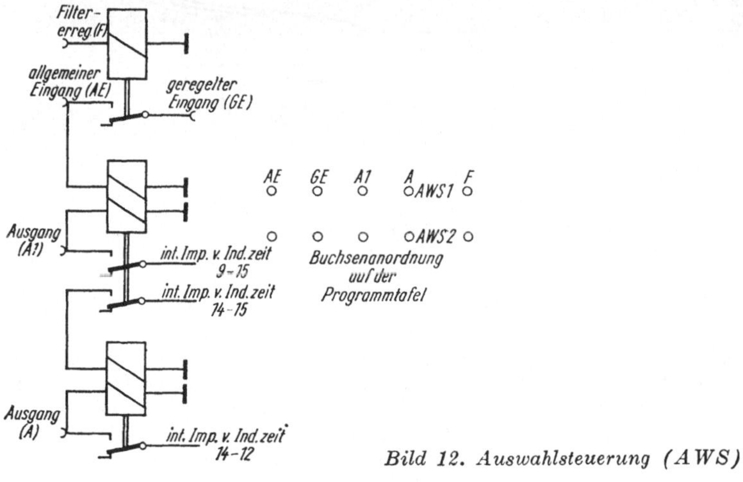

Bild 12. Auswahlsteuerung (AWS)

(Bild 11). Eine Selbsthalteschaltung bedingt das Umschalten der Relais durch einen kurzzeitigen Impuls auf die erste Erregerwicklung und das Halten bis zur Unterbrechung des über Mitte–Arbeit eines Umschaltkontakts auf der zweiten Erregerwicklung anliegenden Haltestroms.

Um eine Steuerung von der Indexzeit 9 des ersten Ganges für die Indexzeit 9 bis 12 des zweiten Ganges zu gewährleisten und um gleichzeitig wieder eine Bereitschaft zur Erregung bei Indexzeit 9 des zweiten Ganges zu erreichen, schließt man zwei Hilfsapparate als eine Baueinheit zusammen. Mit einem Filter verbunden nennt man ein solches Bauelement eine *Auswahlsteuerung* (*AWS*). Die Auswahlsteuerung kann durch einen kurzzeitigen Impuls auf den allgemeinen Eingang *AE* oder durch einen Impuls auf den geregelten Eingang *GE* zur Zeit der Filtererregung über *F* erregt werden. Der *HA1* sendet durch die Selbsthalteschaltung vom Zeitpunkt der Erregung bis zur Unterbrechung des Haltestroms bei Indexzeit 15 des gleichen Ganges einen Impuls am Ausgang *A1*. Der *HA2* wird durch einen kurzen internen Impuls von *HA1* erregt und sendet wegen der Selbsthalteschaltung einen Impuls von Indexzeit 14 des Ganges bis zur Indexzeit 12 des folgenden Ganges am Ausgang *A*.

Die Steuerung des Stanzens bei dem hier betrachteten Beispiel wird aus den genannten Relais aufgebaut. Die Spalte 7 von *S1* wird mit dem geregelten Eingang *GE* einer Auswahlsteuerung verbunden. Die Auswahlsteuerung soll nur zur Indexzeit 3 erregt werden; deswegen wird vom Impulsverteiler der Impuls von der Buchse 3 auf den Filtereingang der *AWS*

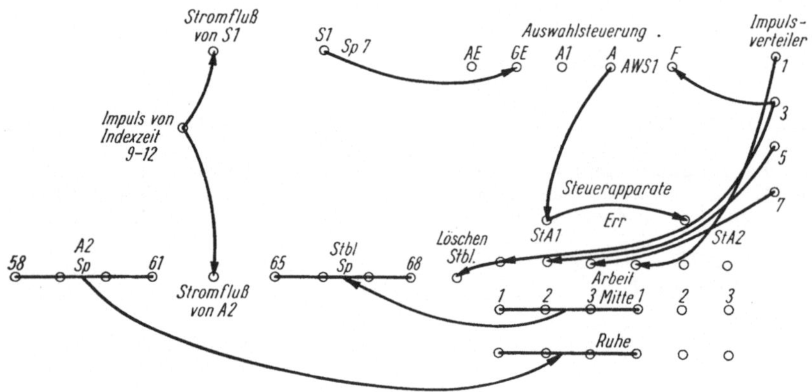

Bild 13. Schaltschema: Steuerung beim Stanzen

geschaltet. Mit dem von *A* kommenden langen Impuls werden während des nächsten Kartengangs zwei Steuerapparate *StA* erregt. Gleichzeitig liegt im nächsten Kartengang die unter *S1* abgefühlte Karte unter dem Stanzblock. Die zu übertragenden Werte von der Originalkarte unter *A2* werden über Ruhe–Mitte der Steuerapparate *StA* auf den Stanzblock *Stbl.* geschaltet. Bei Erregung der *StA* durch die 3 in Spalte 7 ist die Mitte mit der Arbeit verbunden, auf die die Impulse vom Impulsverteiler geschaltet sind. Somit können ebenfalls die konstanten Angaben bei Erregung der *StA* über Arbeit–Mitte zum Stanzblock gelangen. Der Stanzblock kann nach jedem Stanzgang durch einen Impuls vom Impulsver-

teiler gelöscht werden. Auf die Kontaktwalzen *S1* und *A2* wird ein Impuls
von der Indexzeit 9 bis 12 geschaltet.
Auch die Arbeiten auf dem Doppler müssen kontrolliert werden. Zur
Kontrolle kann man ebenfalls den Doppler ausnutzen, indem die ge-
stanzten Lochungen mit den geforderten verglichen werden. Damit dieser
Vorgang voll maschinell und rationell ablaufen kann, liegt hinter dem
Stanzblock und der Abfühleinrichtung *A2* ein weiteres Paar Abfühlstationen *S3* und *A3*. Wir nehmen an, daß sie einen Gang später als *A2*
die Karten abtasten.

Außerdem muß eine *Vergleichseinrichtung* existieren, die einen Impuls bei Gleichheit oder Ungleichheit der Angaben abgibt. Der Vergleich wird über ein Relais
verwirklicht. Das Relais hat zwei Erregerwicklungen mit gleichen elektrischen
Daten, aber verschiedenem Wicklungssinn, die mit Buchsen auf der Programmtafel verbunden sind (Bild 14). Ein Stromimpuls auf beide Buchsen führt wegen

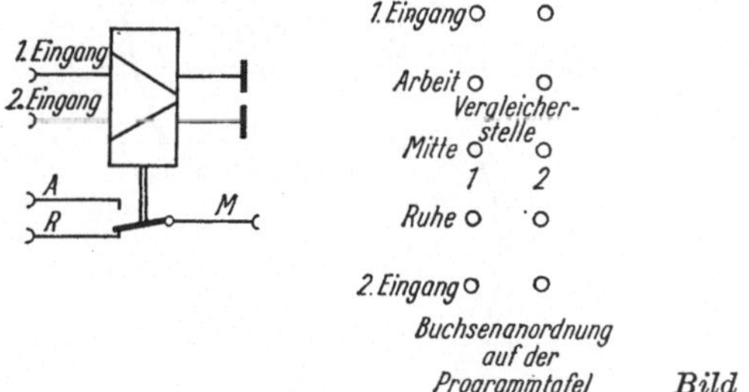

Bild 14. Vergleicher

des unterschiedlichen Wicklungssinns zu keinem Aufbau eines magnetischen
Feldes. Das Relais schaltet also nur dann von Mitte–Ruhe auf Mitte–Arbeit,
wenn nur eine von beiden Wicklungen einen Impuls erhält. Wird während des
Vergleichs ein langer Impuls auf die Mitte gegeben, so kann bei nicht gleich-
zeitiger Relaiserregung beider Wicklungen ein Impuls am Arbeitskontakt abgenommen werden. Gleiche Zeichen des Hollerith-Schlüssels haben Impulse zu
gleichen Indexzeiten zur Folge. Der Vergleich gleicher Zeichen bewirkt somit
kein Umschalten des Relais und dadurch keine Impulsabgabe am Arbeitskontakt. Ein Vergleich unterschiedlicher Zeichen auf dem Vergleicher führt dagegen zu Ungleichheitsimpulsen am Arbeitskontakt.

Bei vielen Kontrollarbeiten bedeutet Ungleichheit eine fehlerhafte Stanzung
des Dopplers. Zur Unterbrechung der normalen Arbeit auf dem Doppler
sind auf der Programmtafel entsprechende Buchsen vorgesehen, die bei
Empfang eines kurzen Impulses entweder die Kartenzufuhr im nächsten
Kartengang auf der Abfühl- oder Stanzbahn unterbinden oder die gesamte weitere Arbeit des Dopplers anhalten. Die letzte Buchse wird
Stop-Buchse genannt.
Es sollen Daten auf Originalkarten mit denen auf Duplikatkarten ver-
glichen werden. Die Angaben finden wir auf beiden Kartenarten in den
Spalten 72 bis 77. Es handelt sich um eine spaltengerechte Doppelung. Die
Buchsen dieser Spalten bei der Abfühlstation *S3* werden auf der Programm-
tafel mit dem ersten Vergleichereingang von mehreren Vergleichsrelais und
die bei *A3* mit dem entsprechenden zweiten Vergleichereingang verbunden.
Auf die Mitte dieser Relais wird ein langer Impuls, beispielsweise von der

Indexzeit 9 bis 12, geschaltet. Dann kann der evtl. an dem Arbeitskontakt auftretende Ungleichheitsimpuls von mehreren Vergleichsrelais zusammengefaßt werden und auf die Stop-Buchse geschaltet werden. In der Praxis möchte man die fehlerhafte Karte gern als letzte Karte dem Ablagefach entnehmen; deshalb wird die Stop-Erregung um die entsprechende Gangzahl verzögert, die die Karte von der Abfühleinrichtung bis in das Ablagefach benötigt. Zur Verzögerung des Stop schaltet man die Ungleichheitsimpulse auf den allgemeinen Eingang einer Auswahlsteuerung (*AWS*).

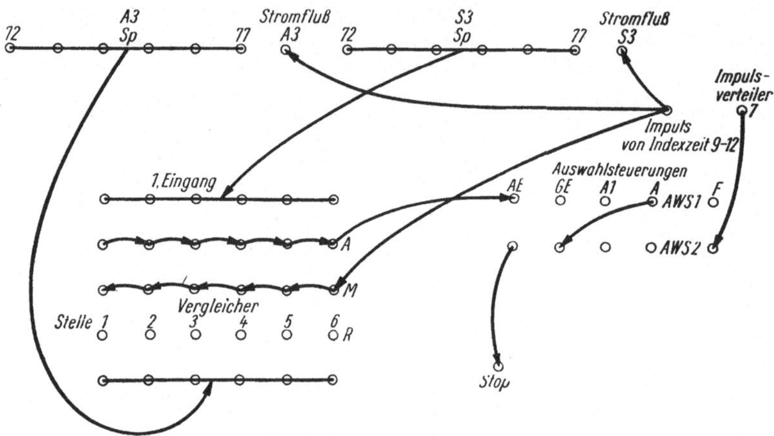

Bild 15. Schaltschema : Vergleichen von Daten

Im Ausgang erscheint ein langer Impuls im nächsten Kartengang. Dieser wird über das kurzzeitig erregte Plusfilter einer Auswahlsteuerung auf die Stop-Buchse oder zur weiteren Verzögerung auf die nächste Auswahlsteuerung geschaltet. Im vorliegenden Beispiel benötigt die Karte einen zusätzlichen Gang, um bis ins Ablagefach zu fallen.

Die Abfühlstationen *S1* und *S3* und die Stanzeinrichtung auf der Stanzbahn gestatten das Stanzen von Daten aus Leitkarten in hinter ihnen liegende Folgekarten. Die Leit- und Folgekarten bilden also einen einzigen Kartenstapel. Die Leitkarten werden an ihren besonderen Lochungen unter *S1* erkannt und die zu stanzenden Daten aus ihnen unter *S3* gelesen. Das Erkennen einer Leitkarte muß einerseits das Löschen der im Stanzblock eingestellten Angaben bewirken und im nächsten Gang das Lesen einer eventuellen Leitkarte unter *S3* verhindern, damit die Leitkarte unter dem Stanzblock keine Einstanzung erhält, und andererseits die Abtastung der Daten im übernächsten Gang unter *S3* ermöglichen. Die Leitkarte löst also eine Kette von Steuerungen aus.

Es soll der Inhalt der Spalten 21 bis 27 von den Leitkarten in die Spalten 32 bis 38 der Folgekarten übertragen werden. Die Leitkarten sind durch ein Steuerloch, d. h. eine 11, in Spalte 27 kenntlich. Dieses Steuerloch soll aber nicht in die Folgekarten übernommen werden. Auf der Programmtafel muß dazu folgende Schaltung aufgebaut werden: Die Buchse

der Spalte 27 von *S1* wird mit dem geregelten Eingang *GE* einer *AWS* verbunden. Der Filtereingang *F* dieser Auswahlsteuerung erhält einen Impuls
zur Indexzeit 11 von *IV*. Hat die abgefühlte Karte ein Steuerloch, so kann
von *AE* dieser *AWS* ein Impuls zum Löschen des Stanzblocks abgenommen
werden. Der Impuls von *A* wird einerseits auf den *GE* einer zweiten Auswahlsteuerung geschaltet und erregt andererseits einen Steuerapparat,
der den Stromfluß von *S3* unterbindet. Ein beliebiger Filterimpuls auf
AWS 2 vom Impulsverteiler gestattet einen kurzen Impulsteil von *A*,
der *AWS 1* die Erregung von *AWS 2*. Der lange Impuls von *A* dieser
Auswahlsteuerung erregt einen zweiten Steuerapparat, der dann den

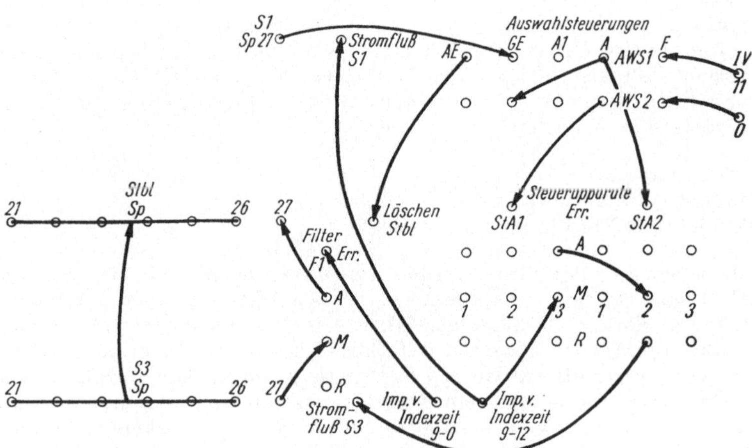

Bild 16. Schaltschema: Stanzen aus Leitkarten

Stromfluß zur Kontaktwalze von *S3* freigibt. Die Übertragung der Daten
von *S3* zum *Stbl.* kann daher direkt ohne Zwischenschalten eines Steuerapparats erfolgen. Lediglich von Spalte 27 muß das Verbindungskabel
über ein Filter geschaltet werden, damit der Impuls zur Indexzeit 11
nicht mit übertragen wird.
Bei dieser Arbeit kann gleichzeitig eine Kontrolle durchgeführt werden,
indem dazu die Abfühlbahn verwendet und der Vergleich auf der Programmtafel gesteckt wird. Die Karten werden dem Ablagefach der Stanzbahn entnommen und in den Zufuhrschacht der Abfühlbahn gelegt.
Selbstverständlich zeigen die aufgeführten Schaltbilder nur jeweils eine
Programmierungsvariante. Andere Schaltungen können durchaus zum
gleichen Ziel führen. Es ist auch möglich, die Schaltungen für andere Aufgaben umzustecken, die Grundschaltungen zu kombinieren, wie Doppeln,
Stanzen konstanter Daten und Vergleichen, oder gänzlich neue Schaltungen
für bisher weniger bekannte Arbeiten aufzubauen. Beim Aufbau einer
Schaltung sollte man bei großem Kartenanfall eine maximale Leistung
durch minimale Durchlaufzeit der Karten anstreben. Die technische Leistung eines BULL-Dopplers beträgt maximal 7200 Karten je Stunde
und Kartenbahn. Bei Programmierung eines Stop oder Unterbindung der

Kartenzufuhr während eines Ganges verringert sich entsprechend der
Benutzung dieser Einrichtung die durchlaufende Kartenzahl.

Die Schaltbeispiele zeigen die Vielseitigkeit des Dopplers auf Grund der
Schalttafelprogrammierung. Die Arbeitsgrenzen der Maschinen sind bei
der Schalttafelprogrammierung generell von der Art und Anzahl der auf
der Tafel zur Verfügung stehenden Schaltelemente und dem Geschick
des Programmierers abhängig.

2.3. Maschinelle Umsetzung von Markierungen im Hollerith-Schlüssel

Bei diesem Lochverfahren werden handschriftliche Markierungen entsprechend dem Hollerith-Schlüssel in vorgegebene Zeichenfelder auf Lochkarten eingetragen. Die so fixierten Daten werden maschinell gelesen und
in die gleiche oder in eine andere Lochkarte gestanzt. Bisher sind drei
unterschiedliche Verfahren bei der maschinellen Zeichenerkennung oder
Zeichenlochverfahren bekannt geworden:

1. Mark-Sensing-Verfahren,
2. Magnetolekteur-Verfahren,
3. Fotolekteur-Verfahren.

Beim Mark-Sensing-Verfahren werden die *Markierungen* mit einem stark
graphithaltigen Stift, d. h. mit einem weichen Bleistift, oder mit einem
Ferritstift auf der Lochkarte ausgeführt. Die Markierungen werden maschinell durch einfaches Abtasten mit Bürsten gelesen, indem die Markierung einen Stromzufluß von Bürste zu Bürste gestattet. Die Markierungen
müssen also elektrisch leitend sein. Für das maschinelle Lesen und Stanzen
eignet sich nach einigen Veränderungen der Doppler. Im normalen Doppler
fließt der elektrische Strom innerhalb der Abfühlstation von den Kontaktwalzen zu den Bürsten. Beim Mark-Sensing-Verfahren wird dieser Stromfluß unterbunden und durch Umschalten ein Spannungsgefälle zwischen
den nebeneinanderliegenden Bürsten hergestellt. Zur sicheren Erkennung
tasten nicht nur zwei, sondern drei Bürsten eine Markierung ab. Dadurch
kann der Strom von der rechten oder auch von der linken Bürste zur mitt-
leren fließen. Ebenso wie die Lochzeilen entsprechen die Markierungs-
zeilen den unterschiedlichen Zeichen des Hollerith-Schlüssels. Die durch
Markierungen hervorgerufenen Stromimpulse werden über die Programmtafel zur Stanzeinrichtung geschaltet. Die 80 Lochspalten einer Lochkarte beschränken wegen der Breite einer Markierung die Zahl der Mar-
kierungsmöglichkeiten auf 27 Spalten. Diese können auf der Vorderseite
der Lochkarte eingetragen werden. Ebenfalls kann die Rückseite der Lochkarte noch für weitere Markierungen eingesetzt werden. Allgemein gilt,
daß die Lochstellen oder elektrisch leitende Stellen beim Mark-Sensing-
Verfahren stören und deshalb nicht in den Markierungsfeldern auftreten
sollten. Um eine sichere Zeichenerkennung beim Mark-Sensing-Verfahren
zu gewährleisten, muß ein ausreichender Stromfluß durch die Markierung
gesichert sein. Zu spitze und stumpfe Bleistifte haben kaum zusammen-
hängende oder auch zu dünne Graphitschichten zur Folge. Diese Fehler-
quelle muß vor dem Einsatz des Mark-Sensing-Verfahrens beseitigt werden.

Beim Magnetolekteur-Verfahren werden die entsprechenden Markierungsstellen mit einem Ferritstift angekreuzt. Auf einer besonderen Einrichtung, der Magnetisierbahn, werden die Markierungen magnetisiert. Anschließend werden die Karten in einen Doppler eingegeben, bei dem die Bürstensätze der Abfühlstationen durch Magnetleseköpfe ersetzt worden sind. Die magnetischen Stellen erzeugen in diesen Leseköpfen Stromimpulse, die in einem Verstärker, von BULL Magnetolekteur genannt, verstärkt werden. Von hier werden die Impulse über die Programmtafel zur Stanzeinrichtung weitergeleitet, wo die entsprechende Stanzung in den vorgesehenen Spalten ausgeführt wird. Durch das Magnetisieren der Markierungen werden die Stellen sicherer erkannt. Deshalb nehmen die Markierungsstellen im Gegensatz zu denen beim Mark-Sensing-Verfahren auch nur die Breite von zwei Lochspalten in Anspruch. Somit können 40 Markierungen auf der Vorderseite der Lochkarte eingetragen werden. Das Magnetolekteur-Verfahren ist also mit dem Einsatz zusätzlicher Einrichtungen und der Verwendung spezieller Markierungsstifte verbunden. Man erreicht dadurch, daß die maschinelle Zeichenerkennung weniger empfindlich gegenüber Eintragungen mit normalen Schreibutensilien und Verschmutzungen ist.

Das Fotolekteur-Verfahren arbeitet mit einer fotoelektrischen Abtastung der Markierungsstellen. An den mit Fotozellen versehenen Doppler wird ebenfalls ein Verstärker (Fotolekteur) angeschlossen. Die elektrischen Impulse werden hier so weit verstärkt, daß sie, über die Programmtafel geleitet, eine Einstellung der Stempel in der Stanzeinrichtung hervorrufen. Bei der fotoelektrischen Abtastung müssen sich die Markierungen deutlich von der Umgebung unterscheiden. Deswegen wird einerseits zum Markieren meist eine Spezialtinte oder eine Spezialkugelschreiberpaste und andererseits für Lochkarten weißes Spezialpapier verwendet. Außer den Markierungen sollten keinerlei Eintragungen oder Lochungen in dem Bereich der fotoelektrischen Abtastung, also im Markierungsfeld der Lochkarte, auftreten. Gegenüber dem Magnetolekteur-Verfahren spart man beim Fotolekteur-Verfahren einen Arbeitsgang, das Magnetisieren der Markierungen, muß aber dafür erhöhte Materialkosten hinnehmen.

Bei allen drei Verfahren der maschinellen Zeichenerkennung muß der Mensch die Daten entsprechend dem Hollerith-Alphabet verschlüsselt in die vorgesehenen Markierungsfelder eintragen. Dieser Arbeitsgang ist gegenüber dem normalen Schreiben der Angaben ungewohnt und birgt deshalb auch mehr Fehlermöglichkeiten. Deshalb sollten nur wenige Daten über das Zeichenlochverfahren in Lochschrift umgesetzt werden. Erkannte Fehlmarkierungen können nur durch berichtigte Übertragung aller Daten auf eine zweite Zeichenlochkarte behoben werden. Außerdem ist die Markierung sorgfältig auszuführen. Die vorgesehenen Markierungsfelder sind beim Eintragen der Zeichen exakt einzuhalten. Die in der DDR durchgeführten Versuche mit dem Mark-Sensing-Verfahren, insbesondere in der Abrechnung bei der Energieversorgung, wurden nicht zur vollen Zufriedenheit aller Beteiligten abgeschlossen, da die Markierungen nicht exakt genug ausgeführt wurden. Das Magnetolekteur-Verfahren wird im Bestelldienst des Leipziger Kommissions- und Großbuchhandels eingesetzt. Das Zeichenlochverfahren hat sich gerade wegen der notwendigen exakten Markierung noch nicht so durchgesetzt, wie die Einsparung an Arbeit gegenüber dem manuellen Ablochen vermuten läßt.

2.4. Maschinelle Umsetzung von anderen Schlüsseln

Wenn die Daten in einem anderen maschinell lesbaren Schlüssel vorliegen
und im Hollerith-Schlüssel ausgewertet werden sollen, wird man für
größere Datenmengen eine reine maschinelle Umsetzung anstreben.

In der Praxis besteht häufig die Möglichkeit, mit relativ wenig Aufwand
Daten in Lochstreifen oder -bänder einzustanzen. Die Umsetzung solcher
Daten in den Hollerith-Schlüssel auf Lochkarten wird durch eine Ma-
schinenkombination des bekannten Motorlochers mit dem *Lochstreifen-
leser* ermöglicht. Um ein starres Umsetzungsschema zu vermeiden, wird
häufig der Arbeitsablauf der Übersetzung über leicht auswechselbare
Programmtafeln gesteuert. Bei rein maschineller Arbeit ohne manuelle Eintastungen wird der Motorlocher zweckmäßigerweise von der

Bild 17. Motorlocher BULL 25.13 mit Streifenleser 27.11

Original- bzw. Programmkarte gesteuert. Da die Programmkarte auch
konstante Daten enthalten kann, die in die Duplikatkarte einzudoppeln
sind, muß sich der Befehlsschlüssel klar von dem der alphanumerischen
Zeichen unterscheiden. Eine Relaiskette im Motorlocher entschlüsselt die
Impulse von den abgetasteten Lochspalten und trennt die Impulse der
alphanumerischen Zeichen von den Befehlsimpulsen. Die ersteren werden
intern direkt zu den Stanzstempeln geführt. Die letzteren erscheinen an
den Buchsen der Schalttafel als Programmkarten-Befehle (Pk.-Befehl).
Von der Programmtafel aus können folgende Funktionen des Motorlochers ausgelöst werden:

1. Stanzen einer Lochspalte einschließlich Transport der Lochkarte um eine
   Spalte. Diese Funktion wird intern durch Impulse ausgelöst, die auf den
   Stanzstempeln erscheinen. Die Übertragung der konstanten Daten von der
   Programmkarte erfolgt somit automatisch.
2. Stanzen einer Lochspalte ohne Weitertransport. Diese Funktion gestattet
   das Stanzen zweier Angaben in einer Lochspalte. Beispielsweise seien auf
   dem Lochstreifen in zwei getrennten Spalten Angaben für die Normal- und
   für die Überlochzone einer Lochkartenspalte untergebracht. Ein Impuls auf
   die Buchse „ohne Transport" führt zum Einstanzen beider Angaben in eine
   Lochspalte.

3. Transportieren um eine Lochspalte ohne vorhergehende Stanzung. In der Lochkarte erscheint eine Leerspalte bei Anruf dieser Funktion.

4. Tabulation. Sie gestattet es, Lochspalten in der Lochkarte ohne Stanzung zu überspringen. Diese Tabulation wird durch einen Anschlag am Kartenwagen begrenzt. Der Anschlag wird von Hand auf die erste wieder zu lochende Spalte eingestellt. Fehlt der Anschlag, so läuft der Kartenwagen aus, und die Karte wird normal abgelegt.

5. Ablage. Die Ablage kann über eine Buchse der Programmtafel oder durch Stanzen der 80. Spalte angeregt werden. Die Ablage bedingt gleichzeitig die Zufuhr der nächsten Lochkarte und die Bereitstellung der ersten Lochspalte zum Stanzen.

6. Fehlerablage. Sind in einem Lochstreifen die Fehler nicht durch spezielle Lochungen ausgemerzt, sondern durch eine folgende Befehlslochung gekennzeichnet, so werden die Fehllochungen in die Duplikatkarte übertragen. Die Befehlslochung kann über den Anruf der Fehlerablage diese gestanzte Karte aussondern, indem diese Karte in ein Extrafach abgelegt wird. Gleichzeitig wird die neue Karte dem Motorlocher normal zugeführt.

Außer den Funktionen des Motorlochers können bei Kopplung der beiden Maschinen auch die Funktionen des Lochstreifenlesers von der Programmtafel aus angerufen werden. Dazu gehören:

1. Lesen einer Lochspalte mit anschließendem Transport des Lochstreifens um eine Spalte. Der Transport erfolgt nur, wenn dem Lesen ein Stanzvorgang des Motorlochers folgt.
Die Angaben im Lochstreifen können ebenfalls Daten oder Befehle darstellen. Die Impulse der Daten gelangen intern direkt auf die Stempel des Motorlochers und lösen einen Stanzvorgang aus. Die Befehlsimpulse erscheinen nach Verlasser der Entschlüsselungsrelaiskette an den Buchsen der Programmtafel für Lochstreifenbefehle (Lstr.-Befehle).

2. Der Transport des Lochstreifens ist gesondert anzurufen, wenn dem Lesen kein Stanzgang des Motorlochers folgt.

3. Elimination von Lochspalten des Streifens. Daten, die nicht in die Lochkarte übernommen werden sollen, können damit übersprungen werden. Der Anfang und das Ende der zu überspringenden Lochspalten sind durch Befehlslochungen zu kennzeichnen. Ein Impuls auf die Buchse „Elimination–Anfang" bewirkt einen dauernden beschleunigten Transport des Lochstreifens. Es werden nur die Befehle entschlüsselt, damit ein Lochstreifenbefehl über die Buchse „Elimination–Ende" diesen Zustand beenden kann.

4. Halt. Der Lochstreifen wird nicht weitertransportiert.

Das Zusammenspiel von Motorlocher und Streifenleser soll an einem Beispiel erläutert werden (Bild 18).

In einem Lochstreifen sind die Daten Artikelnummer, Menge und Preis sowie vor jeder Dateneinheit Befehlslochungen eingestanzt. Die Daten sollen entsprechend der Abbildung in die Duplikatkarte übertragen werden. Die Ausgangsstellung beider Maschinen sei die Lochspalte für Lstr.-Befehl 5 für den Streifenleser und die Lochspalte 1 mit Pk.-Befehl 1 für den Motorlocher. Das Startsignal veranlaßt das Lesen des Pk.-Befehls 1. Über die Schalttafel erregt der Pk.-Befehl 1 das Filter 2 und leitet darüber das Lesen des Lochstreifens ein. Der Lstr.-Befehl 5 löst über die Arbeit–Mitte des durch den Pk.-Befehl 1 erregten Filters 1 den Transport des Lochstreifens um eine Spalte aus.

Während Filter *2* einen Rückstrom verhindern soll, dient Filter *1* zur Kontrolle der synchronen Arbeit beider Maschinen. Filter *1* sichert, daß die für eine Lochkarte vorgesehenen Daten tatsächlich in eine Lochkarte eingestanzt werden. Gelangen auf *F1* die Impulse nicht gleichzeitig, so bleibt der Arbeitsablauf wegen des Fehlens eines Impulses auf der Transportbuchse des Lesers stehen.

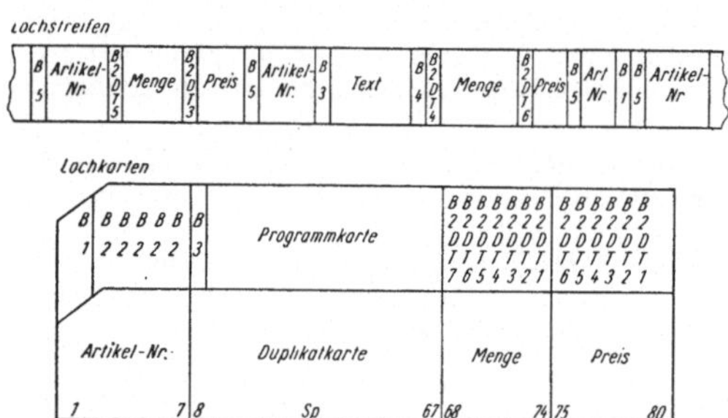

Bild 18. Lochstreifen und Lochkarten beim Umsetzen mit Dezimaltabulation

Nach Ausführung des Transports durch den Leser ruft der Pk.-Befehl *1* noch immer zum Lesen des Streifens auf. Die gelesenen Daten werden sofort intern auf die Stempel des Motorlochers übertragen und lösen einen Stanzvorgang aus. Nach dem Transport beider Datenträger löst nun der Pk.-Befehl *2* diesen Vorgang wiederholt aus. Da die Länge der Dateneinheit Artikelnummer mit der vorgesehenen Lochspaltenzahl in der Lochkarte übereinstimmt, endet der Vorgang beim Lesen des Pk.-Befehls *3*. Dieser veranlaßt eine Tabulation bis Spalte 68.
Da nicht immer zu erwarten ist, daß alle Zahlen die gleiche Länge aufweisen, müssen auf dem Lochstreifen entweder die restlichen Stellen vor und nach der Zahl ausgenullt werden oder Hinweise über die freie Stellenzahl als Befehl vor oder nach der Zahl eingelocht sein. Der Befehl nach der Zahl kann eine einfache Tabulation bis zum nächsten Lochfeld veranlassen. Der Hinweis vor der Zahl dient zur Dezimaltabulation (DT). Die Schlüsselzahl der Dezimaltabulation vom Lochstreifen wird mit den auf der Programmkarte gelochten verglichen. Bei Ungleichheit wird ein Transport der Karte um eine Spalte veranlaßt. Bei Gleichheit beginnt der Motorlocher mit dem Einstanzen der Zahl vom Lochstreifen. Der DT-Schlüssel wird meist in ganz bestimmten Kanälen des Lochstreifens und Lochzeilen der Programmkarte abgelocht. In diesem Beispiel sind die sieben Schlüsselzahlen entsprechend dem Dualsystem in drei Kanälen bzw. Lochzeilen untergebracht worden. Somit genügt der Vergleich von drei parallelen Impulsen, die als Dezimaltabulation *I*, *II* und *III* gekennzeichnet werden.
Nach der einfachen Tabulation wird als nächstes der Pk.-Befehl *2* mit DT 7 gelesen. Der Pk.-Befehl *2* fordert den Streifenleser zum Lesen des Lstr.-Befehls *2* mit der DT-Schlüsselzahl 5 auf. Beide Schlüsselzahlen erscheinen an DT *I*, *II* und *III* und werden auf die Vergleichereingänge *1* und *2* geschaltet. Der Lstr.-Befehl *2* ruft bei Ungleichheit über Mitte-Arbeit des Vergleichers die Funktion „Leerspalte" des Motorlochers an.

Der Streifenleser transportiert wegen des fehlenden Stanzgangs nicht
weiter. Der neue Pk.-Befehl *2* mit DT 6 veranlaßt wieder den Vergleich
und den Transport um eine Lochspalte. Bei DT 5 besteht schließlich
Gleichheit. Der Lstr.-Befehl *2* erregt nun über Mitte–Ruhe des Vergleichers
den Transport des Lochstreifens. Das erneute Lesen des Streifens führt
zur Übertragung der Dateneinheit Menge. Der DT-Schlüssel auf der Programmkarte bleibt dabei unwirksam.

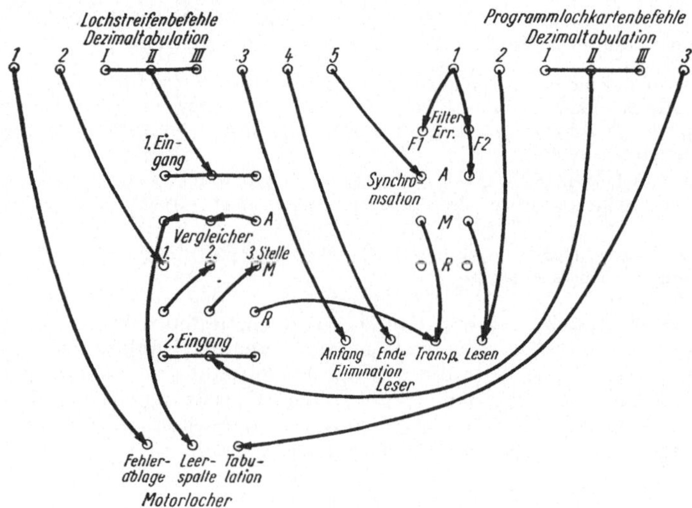

Bild 19. Schaltschema: Umsetzen mit Dezimaltabulation

Für die Dateneinheit Preis wiederholt sich der gleiche Vorgang. Nach
dem Stanzen in der 80. Spalte wird intern die normale Ablage der Lochkarte veranlaßt. Die neue Karte liegt mit Spalte 1 unter der Stanzeinrichtung, und der Pk.-Befehl *1* kann wieder abgetastet werden.

Spalten mit erläuternden Angaben im Lochstreifen werden durch die Lstr.-
Befehle *3* und *4* begrenzt. Sie sollen nicht in die Lochkarte übertragen
werden. Die Befehle werden dazu auf die Elimination geschaltet. Außerdem können sich im Lochstreifen fehlerhafte Angaben befinden, denen
der Lstr.-Befehl *1* folgt. Dieser Befehl erregt die Fehlerablage.

Das ganze Beispiel zeigt die Vorrangigkeit der Funktionen des Motorlochers.
Der Streifenleser wird als Zusatzgerät vom Motorlocher aus gesteuert.

Das Umsetzen der Daten vom Lochstreifen in die Lochkarte erfolgte im
Beispiel entsprechend der in den Lochstreifen abgelochten Datenfolge.
Man bezeichnet dies als Vorwärtslesen des Lochstreifens.

Im Gegensatz dazu wird beim Rückwärtslesen der Lochstreifen vom Ende
her gelesen und die Lochkarte umgekehrt, d. h. spaltenvertauscht, in
den Motorlocher eingegeben. In diesem Fall kann in der betrachteten
Schaltung die Dezimaltabulation durch eine einfache Tabulation ersetzt
werden. Die Fehlerablage ist überflüssig, da die fehlerhaften Daten vor

dem Umsetzen bekannt sind und durch einen Anruf der Elimination bis
zum Synchronisationszeichen auf dem Lochstreifen übersprungen werden
können.

Bei komplizierteren Aufgaben sollte vor dem Lochen des Lochstreifens
geklärt sein, wie der Streifen zu lesen ist, weil sich danach das Einlochen
der Befehle in den Lochstreifen richtet. Bei der Erklärung der Arbeitsweise eines Motorlochers ist auch auf die Möglichkeit des Anschlusses eines
Relaisspeichers hingewiesen worden. Der Relaisspeicher erweitert selbstverständlich die Umsetzungsmöglichkeiten. Der Motorlocher muß als
Speicherlocher folgende Funktionen zusätzlich ausüben können:

1. Bereitstellung des nächsten Speicherplatzes. Da der Speicher weniger Speicherplätze als die Lochkarte Spalten aufweist, muß die Zuordnung der Speicherplätze zu den einzelnen Spalten von außen oder durch das Programm gesteuert werden können.
2. Aufnahme von Daten. Es werden die Angaben des bereitstehenden Speicherplatzes gelöscht und die an den Stanzstempeln erscheinenden neu aufgenommen.
3. Abgabe der Daten. Der bereitstehende Speicherplatz gibt die Angaben direkt
   an die Stempel zum Stanzen ab.

Der Speicher ermöglicht es, nur einmal in Lochstreifen vorkommende
Daten in mehrere Karten zu stanzen. Die Auslösung der Funktionen Auf-
nahme und Abgabe kann über die auf der Programmtafel vorhandenen
Einrichtungen gesteuert werden. Eine solche Umsetzung ist in dem
Schaltschema Umsetzen mit Speicherbenutzung dargestellt (Bild 21).
Die Auftragsnummer sei für mehrere Lochkarten gleich.

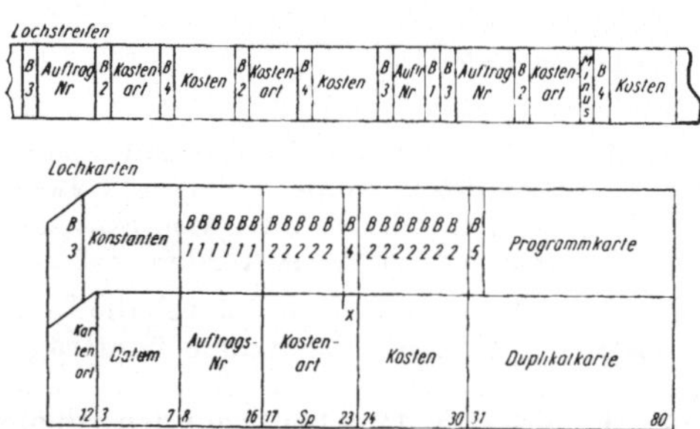

Bild 20. Lochstreifen und Lochkarten beim Umsetzen mit Speicherbenutzung

Außerdem wird das Einstanzen konstanter Daten von der Programmkarte gewünscht. Da nicht nur Kosten, sondern auch Gutschriften auftreten können, soll für diese ein Steuerloch in Zeile 11 der Spalte 23
gelocht werden, wenn auf dem Lochstreifen der Dateneinheit Kostenart
ein Minuszeichen folgt. Dieses Minuszeichen wird maschinenintern als
Hollerith-Zeichen 11 gewertet.

Nach der Synchronisation durch Pk.-Befehl *3* und Lstr.-Befehl *3* werden
die Konstanten von der Programmkarte auf die Stempel zum Stanzen
übertragen. Durch den Lstr.-Befehl *3* werden ein Hilfs- und ein Steuer-

apparat erregt, die durch einen Haltestrom während des Lochens der gesamten Karte in Erregung gehalten werden. Der Pk.-Befehl *1* veranlaßt über HA–Mitte die Bereitstellung des nächsten Speicherplatzes und über die Arbeit das Lesen des Streifenlesers sowie die Aufnahme des Speichers. Gleichzeitig wird die Dateneinheit Auftragsnummer gestanzt. Die Umsetzung der Dateneinheit und der Kosten ist aus dem ersten Beispiel schon bekannt. Der Pk.-Befehl *4* erregt die Buchse „Ohne Transport"

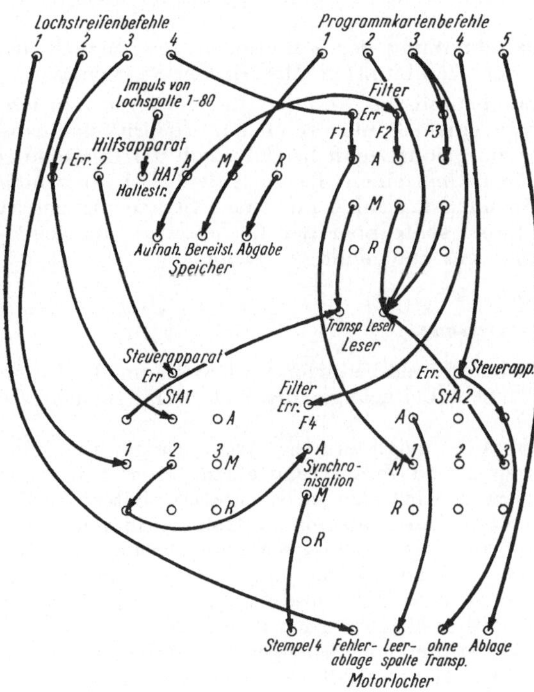

Bild 21. Schaltschema: Umsetzen mit Speicherbenutzung

und den Steuerapparat *2*. Über *StA2* als Filter leitet der Befehl das Lesen des Lochstreifens ein. Das letzte Zeichen der Kostenart wird ohne Transport der Lochkarte gestanzt. Wird nun durch den weiterhin bestehenden Pk.-Befehl *4* ein Lstr.-Befehl *4* gelesen, so wird die Ausführung einer Leerspalte veranlaßt. Wenn dagegen ein Minuszeichen gelesen wird, so folgt ein normaler Stanzgang des Lochers. In beiden Fällen ist durch diese Steuerung das stellengerechte Lochen der mit Vornullen versehenen Kostenbeträge gesichert. Nach Kartenwechsel liest der Pk.-Befehl *3* den Lstr.-Befehl *2*, der über die Mitte–Ruhe von *StA1* ebenfalls eine Synchronisation bewirkt. Der Steuerapparat bleibt in Ruhestellung, da der Lstr.-Befehl *3* fehlt. Der Pk.-Befehl *1* bewirkt jetzt außer der Bereitstellung des nächsten Speicherplatzes die Abgabe der Daten aus dem Speicher. Es wird während dieser Zeit also keine Lesefunktion angerufen. Damit ist die Übernahme der Auftragsnummer in jede Lochkarte gesichert, und die Kostenart sowie die Kosten werden wieder in ihren Lochfeldern eingestanzt.

Das Beispiel zeigt außer den Speicherfunktionen auch den Einsatz der Steuerelemente bei solchen Schaltungen. Zu der Bereitstellung des nächsten Speicherplatzes ist noch zu bemerken, daß sie unabhängig von einer folgenden Datenaufnahme bzw. -abgabe ist. Es ist also möglich, in einigen Lochkarten nur ganz bestimmte Teile der gespeicherten Angaben einzustanzen.

Die Beispiele sowie die Beschreibung der Funktionen veranschaulichen die Einsatzmöglichkeiten der Kombination Motorlocher-Streifenleser.

Ähnliche Probleme können ebenfalls bei anderen, nicht starren rein maschinellen Umsetzungen von einem Schlüssel in den Hollerith-Schlüssel auftreten. Vor jeder Umsetzung sollte man beachten, ob die Herstellung des vorliegenden Datenträgers mit einem fremden Schlüssel notwendig ist. Die Kopplung einer Buchungsmaschine mit einem Streifenstanzer ist verhältnismäßig einfach. Dabei sollte aber der Lochstreifen ein Nebenprodukt des Buchungsgangs sein und nicht umgekehrt.

2.5. Vollmaschinelle Datenerfassung

Die bisher erläuterten Ablochverfahren bedürfen zur Umsetzung der Daten in die Lochschrift besonderer Arbeitsgänge, die Zeit und Arbeitskräfte beanspruchen.

In einigen speziellen Fällen ist es möglich, diese Arbeitsgänge durch eine vollmaschinelle Datenerfassung und -umsetzung einzusparen. Unter der vollmaschinellen Datenerfassung wird also in der Lochkartentechnik die rein maschinelle Umsetzung von Daten aus einem Schlüssel in den Hollerith-Schlüssel und das Ablochen der Lochkarten ohne direkte Bindung einer Arbeitskraft verstanden. Vorbereitung und Kontrolle dieser Umsetzung erfordern sehr wenig Zeit, so daß diese Tätigkeit gewöhnlich von einer anderen Arbeitskraft mitbewältigt werden kann.

Diese Art der Datenerfassung ist nur bei Vorgängen oder Arbeitsprozessen möglich, die unmittelbar einen Datenanfall verursachen oder bei denen Daten aufbereitet oder geschrieben werden. Solche Arbeitsgänge sind beispielsweise:

1. Schreibarbeiten in den Lochkartenstationen. Da die Ausgangsdaten im maschinell lesbaren Schlüssel vorliegen, scheint hier die Möglichkeit der Datenerfassung im Nebenprozeß am ehesten gegeben zu sein.

   Beim Schreiben werden die Daten von den Lochkarten gruppenweise in den Tabelliermaschinen aufsummiert und gedruckt. Damit diese Summen weiteren maschinellen Auswertungen zur Verfügung stehen, werden sie in angeschlossenen Zusatzgeräten in Lochkarten eingestanzt. Die Zusatzgeräte weisen eine Kartenbahn mit einer 80spaltigen Stanzeinrichtung, ein Zufuhr- und ein Ablagefach auf. Die Steuerung des rein maschinellen Kartendurchlaufs, des Stanzvorgangs und der Einstellung der abzulochenden Angaben erfolgt über Kabelverbindungen direkt von der Hauptmaschine. Das ist diejenige Maschine, die den entscheidenden Anteil bei der Lochkartenverarbeitung leistet und den

Arbeitsrhythmus aller angeschlossenen Maschinen bestimmt. Die Leistung hängt also in diesem Fall von der Arbeitsgeschwindigkeit der Tabelliermaschine ab. Nur in wenigen Fällen ist eine Leistungsminderung der Hauptmaschine durch die Arbeit des angeschlossenen *Summenkartenstanzers* festzustellen (siehe Bild 29).

Der Anschluß sichert also bei der Anfertigung von Tabellen die gleichzeitige Summenkartenherstellung. Die Arbeitskraft an der Tabelliermaschine bereitet die ordnungsgemäße Arbeit des Stanzers vor und kontrolliert sie auch.

Bild 22. Ascota-Buchungsautomat mit angeschlossenem IBM-Motorlocher

2. Belegausschreiben. Im allgemeinen werden die Belege zur sauberen Beschriftung mit Büromaschinen ausgestellt. Der Einsatz von Maschinen bietet die Möglichkeit einer maschinellen Datenerfassung, indem die Büromaschine, meist ein Buchungsautomat, mit einem Motorlocher gekoppelt wird (Bild 22). Die eingetasteten Angaben oder in den Zählwerken gebildeten Summen werden entsprechend der Anschrift auf dem Beleg zeichenweise an die Lochstempel des Motorlochers übertragen und in die Lochkarte gestanzt.

Diese Kopplung ist nur dann kostenmäßig vorteilhafter gegenüber einer manuellen Ablochung vom Beleg, wenn die Büromaschine ständig zur Herstellung von Belegen eingesetzt wird, von denen Lochkarten herzustellen sind, und wenn auf dieser Büromaschine die wesentlichsten Daten des Belegs eingetragen werden.

3. Zu überwachende Produktionsgänge, die einen großen Datenanfall für
die lochkartenmäßige Auswertung verursachen, können mit digitalen
Meßinstrumenten kontrolliert werden. Diese Instrumente übertragen
ihre Angaben an eine Lochkartenstanzeinrichtung, die aus einem
Motorlocher, einem Summenkartenstanzer oder Kartendoppler bestehen kann.

In der Praxis sind jedoch nur wenige Fälle bekannt geworden, wie beispielsweise die Kopplung der elektrischen Meßinstrumente einer automatischen Waage mit einer Lochkartenstanzeinrichtung.

3.   Sortieren

Nach dem Übertragen der Daten in die Lochschrift entsprechend dem
Hollerith-Schlüssel können die Arbeitsgänge der Datenverarbeitung
folgen, die mit Hilfe der Lochkartentechnik rationell gestaltet werden
sollen. Dazu gehören: das Sortieren, das Rechnen und das Schreiben.

Beim Sortieren werden die Daten, die die wesentlichen Merkmale von Tatbeständen oder Vorgängen widerspiegeln, einer Folge von Merkmalsgruppen durch Mischen, Trennen oder Aussondern zugeordnet. Zum maschinellen Sortieren der Daten müssen in der Lochkartentechnik die den
Merkmalsgruppen zugeordneten Hollerith-Zeichen stets die gleichen
Spalten auf den Lochkarten einnehmen. Durch das Mischen werden mehrere
Lochkartenfolgen zu einer gewünschten Folge vereinigt. Das Trennen stellt
die Zerlegung einer Lochkartenfolge in Folgen mit einheitlicher Merkmalsgruppe bzw. einheitlichem Hollerith-Zeichen dar. Beim Aussondern
oder Selektieren werden aus einer gegebenen Folge Lochkarten mit
einem bestimmten Merkmal herausgesucht.

Für diese Arbeiten stehen Sortiermaschinen und Kartenmischer zur Verfügung.

3.1.   Einsatz der Sortiermaschine

Die *Sortiermaschine* gestattet nur das maschinelle Trennen und Aussondern von Lochkarten nach den Merkmalen bzw. Zeichen in einer Lochspalte. Ein Sortieren ist nur möglich, wenn die Bedienungsperson den
notwendigen Mischvorgang durch entsprechendes Zusammenstellen der
geforderten Lochkartenfolgen manuell ausführt (Bild 23).

Die Sortiermaschine hat eine Kartenbahn mit einem Zufuhrschacht, einer
Abfühleinrichtung und 13 nacheinander angeordneten Ablagefächern. Die
Karten werden normalerweise mit der Lochzeile 9 zur Kartenbahn und
der Vorderseite nach unten in den Zufuhrschacht gelegt. Von einem
Kartenmesser werden sie einzeln erfaßt und zwischen Transportwalzen
geschoben, gleiten unter der Abfühlstation hindurch und werden von
weiteren Transportrollenpaaren bis zur Ablage transportiert. Im allgemeinen verfügt die *Abfühlstation* nur über eine einzige Bürste. Diese
Bürste kann auf jede beliebige Spalte der Lochkarte eingestellt werden.

Den zwölf Lochzeilen sind Ablagefächer zugeordnet, die durch einen
Impuls beim Abtasten der Lochstelle in der jeweiligen Zeile kurzzeitig für
die Lochkarte geöffnet werden. Bei mehreren Lochungen in einer Spalte
fällt die Karte in das erste geöffnete Fach. Eine Splitteinrichtung gestattet es, die Ablage in jedem der zwölf Fächer zu unterbinden. Die Karten
laufen dafür in das Restfach. Die Sortiermaschine durchlaufen maximal
etwa 42 000 Karten in der Stunde. Ein eingebauter Kartenzähler zählt die
durchlaufenden Karten. Mit Fachzählern ausgerüstete Maschinen zählen
die in jedes Fach abgelegten Karten.

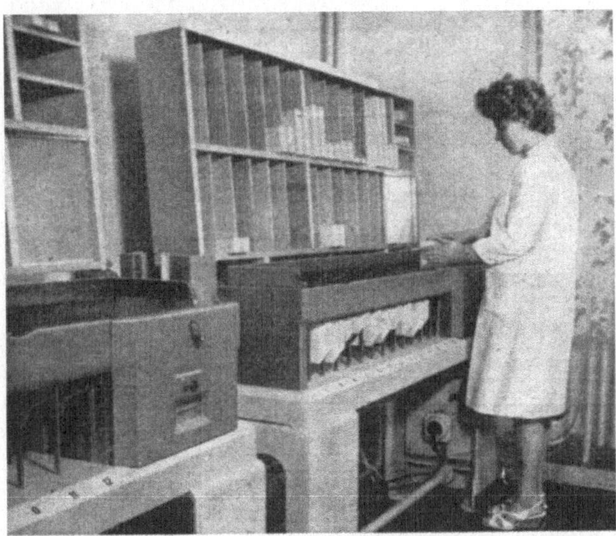

*Bild 23. Sortiermaschine Typ BWS 432 im Einsatz. Die Lochkarten werden in
einem dahinterstehenden Sortierregal abgelegt*

Auf der Sortiermaschine wird eine Lochkartenfolge entsprechend den in
der Spalte abgelochten, verschiedenen Zeichen in mehrere Kartenstapel
zerlegt. Innerhalb jedes Kartenstapels bleibt dabei die vorherbestehende
Kartenfolge erhalten. Das wird zum Sortieren mehrerer Spalten ausgenutzt.
Die Spaltenfolge der Sortiergänge richtet sich nach der Rangfolge der
Merkmalsgruppen. Wird beim Sortieren mit der Spalte für die übergeordneten Gruppen begonnen, so spricht man von absteigender Sortierung, im
anderen Fall von aufsteigender Sortierung.
Bei der absteigenden Sortierung werden die Kartenfolgen aus jedem Ablagefach getrennt weiterverarbeitet. Dadurch können beim Sortieren einer
vierstelligen Schlüsselzahl bis zu 1000 Kartenstapel entstehen, die nach der
letzten Spalte zu sortieren sind. Solche Aufteilungen sind unvorteilhaft
und werden deshalb nur bei Aussonderungen vorgenommen.
Die aufsteigende Sortierung vermeidet die ständige Aufteilung, da die
Karten aus den Ablagefächern immer wieder entsprechend der gewünschten

untergeordneten Gruppenfolge zu einem einzigen Stapel zusammengestellt werden können. Diese Sortierung sichert einen rationellen Arbeitsablauf und wird deshalb allgemein in der Praxis angewandt.

In vielen Sortiermaschinen ist ein sog. *Kontensucher* eingebaut. Er ermöglicht spezielle Aussonderungsarbeiten. Beim Einschalten wird nur noch die Lochzeile 8 jeder Lochkarte abgetastet. Eine Lochstelle in dieser Zeile veranlaßt einerseits über einen vom vorhergehenden Gang erregten Steuerapparat das Öffnen des Ablagefachs 11 für die vorhergehende Karte und andererseits über eine Relaiskette die Erregung des Steuerapparats im nächsten Gang. Dadurch fallen alle Lochkarten mit einer 8 in der abgefühlten Spalte, denen eine Lochkarte mit einer 8 folgt, in das Ablagefach 11. Die übrigen fallen in das Restfach.

In der Praxis wird diese Einrichtung bei Arbeiten mit Leit- und Folgekarten, z. B. Bestands- und Bewegungskarten, ausgenutzt. Die Leitkarten haben häufig als besonderes Kennzeichen ein Steuerloch, d. h. eine Lochung in Lochzeile 11. Damit der Kontensucher die Leitkarten, hinter denen keine Folgekarten liegen, aus dem Kartenstapel aussondert, werden die Lochkarten umgekehrt in den Zufuhrschacht eingelegt. Damit nimmt die Lochzeile 11 die Lage von Zeile 8 ein, und die ausgeführte Schaltung ist für Lochzeile 11 gültig.

3.2. Einsatz des Kartenmischers

Der *Kartenmischer* (Bild 24) gestattet das maschinelle Mischen, Trennen und Aussondern nach mehreren Spalten. Dazu hat er zwei Kartenbahnen, die als Erst- und Zweitbahn bezeichnet werden. Beide Kartenbahnen sind mit Abfühleinrichtungen ausgerüstet und enden an zwei bis drei Kartenablagefächern. Mindestens ein Ablagefach kann von beiden Bahnen aus

Bild 24
Kartenmischer BULL 56.00

erreicht werden. Die Karten durchlaufen die Bahnen ähnlich wie bei der
Sortiermaschine. Eine Schalttafelprogrammierung sichert dem Kartenmischer entsprechend vielseitige Einsatzmöglichkeiten.

Auf der Programmtafel befinden sich die Buchsen von 80 Bürsten jeder
Abfühleinrichtung, die Impulssendebuchsen und die Buchsen vom Impuls-
verteiler und von den Steuereinrichtungen, wie Filter, Steuerapparate und
Auswahlsteuerungen. Die ausführenden Funktionen, wie das Öffnen der
Ablagefächer, die Unterbrechung des Kartentransports auf den Bahnen
und das Anhalten der Maschine, werden über die Programmtafel gesteuert.

Im Gegensatz zur Kontrollarbeit auf dem Doppler genügt beim Sortieren
nicht mehr der Vergleich auf Gleichheit oder Ungleichheit. Die *Vergleichseinrichtung* des Kartenmischers muß anzeigen, ob die Zahlen am ersten
Vergleichereingang größer, gleich oder kleiner als die am zweiten Eingang
sind. Die Aussage kann verhältnismäßig einfach durch die Impulse zu den
verschiedenen Indexzeiten realisiert werden.

Dazu besteht die Vergleichseinrichtung aus dem schon bekannten Vergleichsrelais und zwei Hilfsapparaten *HA*. Alle drei Relais verfügen über einen zusätzlichen unabhängigen Umschaltkontakt (Bild 25).

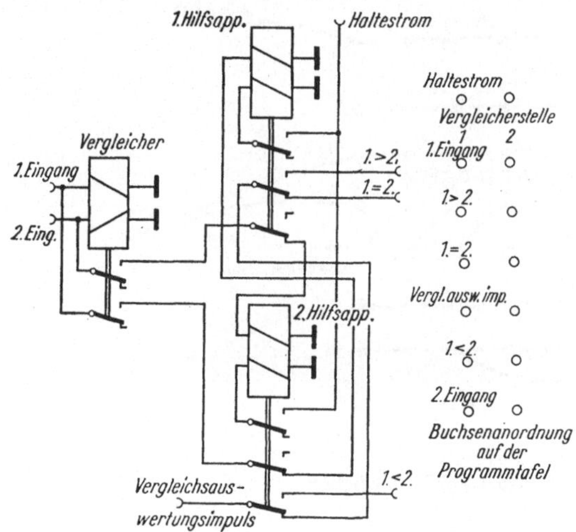

Bild 25
Vollständiger Vergleicher

Die Hilfsapparate sind intern so verdrahtet, daß *HA1* durch einen Impuls auf
Eingang *1* erregt wird, wenn *HA2* nicht erregt ist, und *HA2* wird von einem
Impuls auf Eingang *2* erregt, wenn *HA 1* nicht erregt ist. Damit nicht gleichzeitig beide Hilfsapparate erregt werden können, wird das Vergleichsrelais vor-
geschaltet, das in diesem Fall jede Erregung verhindert.
Nach der Indexzeit 9 bis 12 eines Ganges, also nach Abtastung einer Lochkarte,
wird das Resultat des Vergleichers durch einen kurzen Vergleichsimpuls für
Steuerungszwecke ausgewertet. Der auf die Mitte des *HA2* geschaltete Vergleichsimpuls gelangt entweder auf den Arbeitskontakt des erregten Relais oder auf
den Ruhekontakt und von dort auf die Mitte des *HA1*. Der Impuls erscheint nun
am Arbeitskontakt des erregten *HA1* bzw. am Ruhekontakt, wenn kein Hilfsapparat erregt wurde. Am Arbeitskontakt von *HA1* erscheint der Vergleichs-

impuls nur dann, wenn der Impuls auf Eingang *1* zu einer früheren Indexzeit
als der auf Eingang *2* ankam. Am Arbeitskontakt von *HA2* kann der Vergleichsimpuls abgenommen werden, wenn der Impuls auf Eingang *1* zu einer späteren
Indexzeit als der auf Eingang *2* ankam. Der Vergleichsimpuls kann vom Ruhekontakt des *HA1* abgeleitet werden, wenn kein Impuls auf den beiden Ein-
gängen eintraf oder wenn beide Impulse zur gleichen Indexzeit ankamen. Da
den Indexzeiten 9 bis 0 auch die betreffenden Zahlen zugeordnet sind, kann das
Vergleichsergebnis wie folgt gedeutet werden:

1. Vergleichsimpuls am Arbeitskontakt von *HA1*: Die Zahl an Eingang *1* ist
   größer als die an Eingang *2* (*1.* > *2.*);
2. Vergleichsimpuls am Arbeitskontakt von *HA2*: Die Zahl an Eingang *1* ist
   kleiner als die an Eingang *2* (*1.* < *2.*);
3. Vergleichsimpuls am Ruhekontakt von *HA1*: Die Zahl an Eingang *1* ist
   gleich der Zahl an Eingang *2* (*1.* = *2.*).

Mit Hilfe dieses Vergleichers kann eine einfache Sortierfolgekontrolle
durchgeführt werden (Bild 26). Die Lochkarten seien entsprechend den in
Lochspalte 35 bis 39 enthaltenen Schlüsselzahlen aufsteigend geordnet.

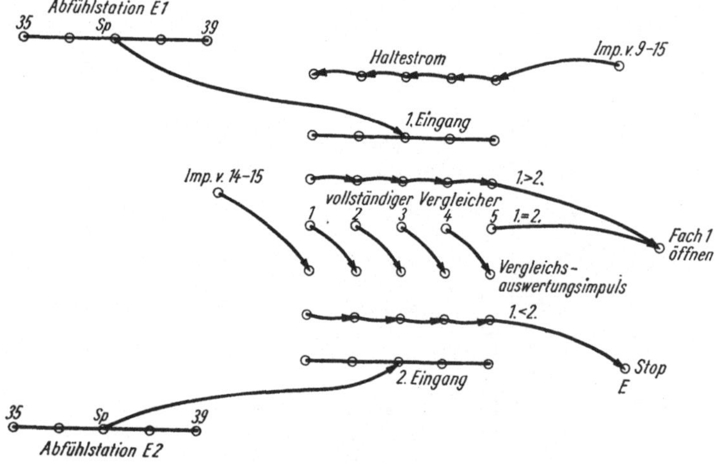

Bild 26. Schaltschema: einfache Sortierfolgekontrolle

Sie werden auf der Erstbahn des Mischers eingegeben. Als erstes durchlaufen sie die Abfühlstation *E1* und in dem folgenden Gang *E2*. Die abgefühlten Schlüsselzahlen von Spalte 35 bis 39 werden von *E1* und *E2*
auf die Vergleichereingänge geschaltet. Der Impuls zur Auswertung des
Vergleichs wird auf die Vergleicherstelle gegeben, auf deren Eingang die
Spalte mit den übergeordneten Merkmalsgruppen geschaltet ist. Besteht
hier Gleichheit, so wird die Spalte mit der nächstniederen Gruppe ab-
gefragt usw. Besteht in allen Spalten Gleichheit oder ist die unter *E1* abgefühlte Zahl größer als die von *E2*, so liegen die Lochkarten in der rich-
tigen Reihenfolge. Die unter *E2* abgefühlte Karte wird in das geöffnete
Fach *1* abgelegt, und die Karte von *E1* wandert unter die Abfühlstation
E2. Der Vergleich wird nun mit einer neuen Karte unter *E1* wiederholt.

Tritt der Fall ein, daß die unter $E1$ abgefühlte Zahl kleiner als die unter $E2$ abgetastete ist, so ist die aufsteigende Sortierfolge an dieser Stelle unterbrochen. Bei einem programmierten Stop kann der Fehler manuell korrigiert werden. Dieser Arbeitsgang ermöglicht eine Kontrolle der durchgeführten Sortierung. Sie zeigt auch die Einsatzmöglichkeit des Mischers für weitere Arbeiten. Statt des Vergleichs der Angaben von einer Abfühlstation mit denen einer anderen können den Angaben auch konstante Daten aus dem Impulsverteiler gegenübergestellt werden. Schaltet man die drei Auswertungsimpulse ($1. > 2.$, $1. = 2.$ und $1. < 2.$) auf die Empfangsbuchsen zum Öffnen der Ablagefächer 1 und 2, so können aus einem beliebig geordneten Stapel Karten mit der vorgegebenen Zahl ausgesondert werden. Durch die Benutzung eines weiteren Ablagefachs können die Karten sogar in drei Fächern getrennt abgelegt werden. Bei einem Vergleich mit zwei konstanten Zahlen aus dem Impulsverteiler können auch ganze Zahlenbereiche ausgesondert werden.

In dem Kartenmischer ist außer einer vollständigen Vergleichseinrichtung auch ein Relaisspeicher eingebaut, dessen Aufnahme und Abgabe von Daten über die Programmtafel gesteuert werden können. Die Erregung der Aufnahme bewirkt das Löschen des bisherigen Inhalts und das Einstellen der neuen Angaben. Bei Erregung der Abgabe erscheinen die Daten als Impulse am Ausgang. Wird die Aufnahme und Abgabe gleichzeitig erregt, so erscheinen die neuen Daten am Ausgang. Der Speicher ist in mehrere Abschnitte unterteilt, die eine getrennte Datenaufnahme und -abgabe gestatten. Die Wirkungsweise des Speichers wird am besten anhand des Mischens von zwei aufsteigenden Folgen gezeigt (Bild 27). Die Karten beider Folgen enthalten nachstehende Zahlen:

1. Folge	2. Folge
065	065
070	080
090	085
095	110
100	

Die erste Folge wird auf der Erstbahn und die zweite auf der Zweitbahn eingegeben. Nach dem Start laufen die Karten bis zu den Abfühlstationen $E2$ und $Z2$. Die Karten werden abgefühlt, die Daten gespeichert und gleichzeitig verglichen. Sind die Daten gleich, wie bei den beiden ersten Karten, so wandern beide Karten in das beiderseitig erreichbare Ablagefach 3. Je nach Vorrangigkeit der Bahn fällt die Karte von der Erstbahn oder die von der Zweitbahn zuerst in das Ablagefach. Zwei neue Karten wandern unter die Abfühleinrichtungen. Ist die Zahl unter $E2$ kleiner als die unter $Z2$, so stoppt die Zweitbahn, und nur die Karte von der Erstbahn wandert ins Ablagefach. Gleichzeitig wird eine Auswahlsteuerung erregt, die im nächsten Kartengang die Speicheraufnahme aus $Z2$ und somit eine Löschung verhindert. In diesem Kartengang erscheint die Karte mit der Zahl 090 unter $E2$. Diese Zahl wird mit dem Speicherinhalt 080 verglichen. Die Erstbahn hält an. Der nächste Kartengang bringt die Lochkarte mit 085 unter $Z2$. Die Zahl 085 ist kleiner als der Speicherinhalt 090, deshalb wandert die Lochkarte nach dem Vergleich sofort in die Ablage. Dieser

Mischvorgang bedingt ein abwechselndes Laufen beider Bahnen. Damit
kann jedoch die theoretische Leistung eines Kartenmischers bei solchen
Arbeiten nicht erreicht werden. Beispielsweise erreicht der BULL-Karten-
mischer eine theoretische Leistung von 15 000 Karten je Stunde und
Bahn.

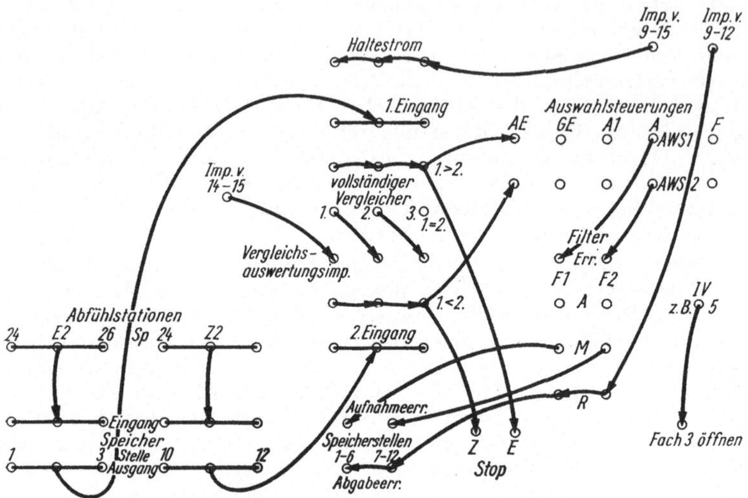

Bild 27. Schaltschema: Mischen von zwei aufsteigenden Folgen

Der Einsatz des Speichers verbessert auch die angeführte Sortierfolge-
kontrolle. Statt die Maschine zu stoppen, werden die falsch einsortierten
Karten in ein gesondertes Fach abgelegt. In dem zwischengeschalteten
Speicher können die Angaben der letzten, in das richtige Fach gefallenen
Karte gespeichert werden. Ihr Vergleich mit den Angaben der folgenden
Karten gestattet die Aussonderung einer ganzen Folge von falsch ein-
sortierten Karten.
Die Arbeiten auf dem Kartenmischer können auch, soweit die Anzahl an
Steuerelementen auf der Programmtafel das gestattet, kombiniert werden.
So können gleichzeitig Leit- vor Folgekarten gemischt und die Leitkarten
ohne Folgekarten sowie die Folgekarten ohne Leitkarten ausgesondert
werden.

4. Schreiben und Ausführung einfacher Rechenoperationen

4.1. Tabelliermaschine

Beim Schreiben werden einerseits die Angaben aus der Lochschrift der
Lochkarten in Klarschrift umgesetzt und andererseits die Daten wegen
der großen Menge in Tabellen so angeordnet und zusammengefaßt, daß
sie in übersichtlicher Weise das Wesentliche des Tabelleninhalts zum Aus-

druck bringen. Die Reihenfolge der angeschriebenen Daten wird im wesentlichen durch die vorhergegangene Sortierung bestimmt.

Die *Tabelliermaschinen* weisen folgende Bauelemente auf:

1. eine Kartenbahn mit zwei Abfühleinrichtungen von je 80 Bürsten,

2. ein rein numerisches oder alphanumerisches Druckwerk mit etwa 100 Druckwerkstellen und einer automatischen Zeilenschaltung für den Papiervorschub,

3. eine Gangerregung,

4. eine Anzahl Zählwerke mit mehreren Zählstellen zur Ausführung einfacher Rechenoperationen,

5. Steuerelemente, wie Steuerapparate, Filter, Auswahlsteuerungen, Impulssendebuchsen, sowie eine einfache Vergleichereinrichtung.

Bild 28. Tabelliermaschine Typ BWS 402 im Einsatz

Die Kartenbahn ist im allgemeinen senkrecht eingebaut. Die Karten werden oben in ein Zufuhrfach gelegt und gelangen nach dem Durchlaufen der Kartenbahn in ein weiter unten liegendes Ablagefach. Der Transport auf der Kartenbahn kann von der Programmtafel aus gestoppt werden und ermöglicht je nach Maschinentyp eine Verarbeitung z. B. von maximal 9000 Karten in der Stunde. Auf der Programmtafel sind den Bürsten beider Abfühleinrichtungen Steckbuchsen zugeordnet. Die erste Abfühlstation wird hauptsächlich zur Auslösung von Steuerungen benutzt.

Das Druckwerk kann wegen seiner Breite eine ganze Zeile gleichzeitig ausdrucken. Die an den einzelnen Druckwerkstellen anzuschreibenden numerischen und alphabetischen Schrift- und Sonderzeichen, wie Summe und Minus, sind auf dem Umfang eines Typenrads aufgetragen. Den Typenrädern gegenüber befindet sich eine auf einen Schreibwagen angebrachte Schreibwalze, über die, ähnlich wie bei der Schreibmaschine, der

Bild 29. BULL-Tabelliermaschine 63.00 mit angeschlossenem BULL-Summenstanzer und Relaisspeicher

Papiertransport erfolgt. Zwischen dem Papier und den Typenrädern läuft das Farbband. Die Impulse zu den Indexzeiten 9 bis 0 eines jeden Ganges bewirken über Relais das Anschlagen der einzelnen, sich ständig drehenden Typenräder an die Schreibwalze und damit das Anschreiben der gerade zwischen Typenrad und Schreibwalze befindlichen Typenzeichen. Die Lochkombinationen der Alphabetzeichen bewirken außerdem zur Alphabetschreibung eine besondere Einstellung des Typenrads. Nach jedem Gang kann ein maschineller Papiervorschub von einer oder mehreren Zeilen ausgelöst werden. Das Anschreiben der Schriftzeichen wird über die Schalttafel gesteuert. Deswegen ist jeder Druckwerkstelle auf der Programmtafel eine Buchse zugeordnet.

Das einfache Anschreiben des abgetasteten Lochkarteninhalts, auch *Listen* genannt, erfordert bei der Programmierung nur das Verbinden der ent-

sprechenden Buchsen einer Abfühlstation, im allgemeinen der zweiten,
mit denen des Druckwerks. Gleichzeitig müssen der Gang und der Papiervorschub erregt werden.

Beispielsweise sollen die Angaben „Rechnungsnummer" aus Spalte 26
bis 29 und „Betrag" aus Spalte 32 bis 36 der Lochkarte gelistet werden.
Um ein günstiges Druckbild zu erzielen, wird die Rechnungsnummer an
den Druckwerkstellen 75 bis 72 und der Betrag an den Stellen 66 bis 61

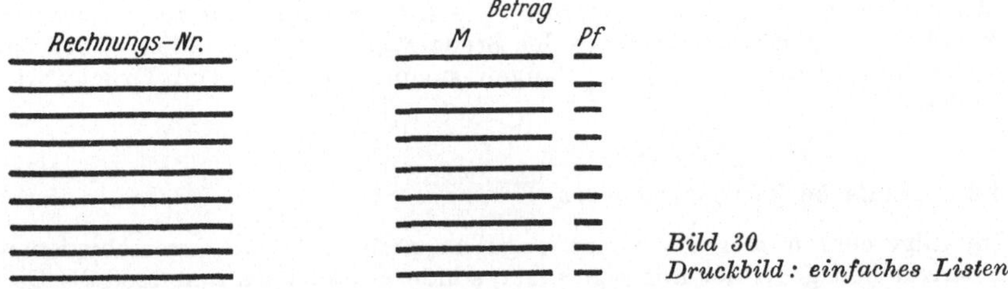

Bild 30
Druckbild: einfaches Listen

angeschrieben. Zwischen den Pfennig- und Markbeträgen wird eine Leer-
stelle vorgesehen (Bild 30). Die Numerierung der Druckwerkstellen ver-
läuft von rechts nach links. Die Angaben von den Lochspalten werden
über Verbindungskabel in Form von Impulsen auf die gewählten Druckwerkstellen übertragen. Diese Übertragung kann nur während des Ab-
tastens der Lochkarte erfolgen. Dazu dient die *Gangerregung*. Man kann

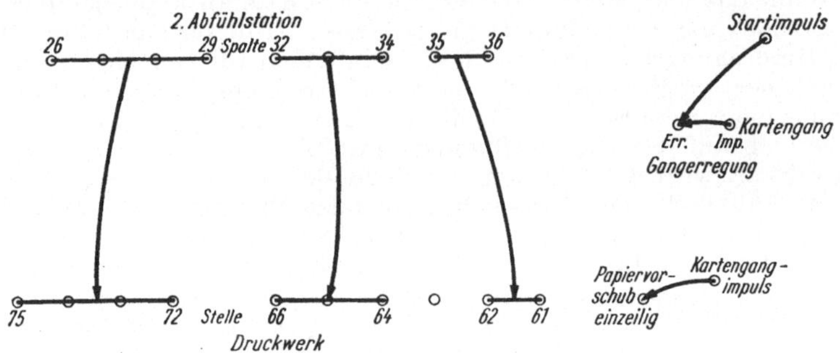

Bild 31. Schaltschema: einfaches Listen

einerseits den *Kartengang*, in dem eine Karte transportiert wird, und
andererseits verschiedene *Summengänge* ablaufen lassen. Auf der Tabelliermaschine wird der erste Gang durch einen Startimpuls vom Startknopf
über die Programmtafel ausgelöst (Bild 31). Am Ende des abgelaufenen
Ganges wird ein Impuls erzeugt, der zur wiederholten Erregung des gleichen
Ganges oder zur Erregung eines anderen dient. In diesem Beispiel werden
nur Kartengänge benötigt. Der Startimpuls und die Impulse zum Schluß
der Kartengänge werden so geschaltet, daß sie einen neuen Kartengang
erregen. Dieser Kreislauf wird unterbrochen, wenn Schaltkontakte am
Zufuhrschacht anzeigen, daß keine Karte vorhanden ist.

Damit nicht alle Angaben in die gleiche Papierzeile gedruckt werden, wird ein einzeiliger Papiervorschub für jeden Kartengang programmiert. Es ist beim Listen durchaus möglich, das Anschreiben eines Lochfelds in verschiedenen Druckwerkstellen je nach Kennzeichen in der abgetasteten Lochkarte zu steuern. Man bezeichnet das auch als Auseinanderführen von Angaben. Dazu werden die Kennzeichen an der ersten Abfühlstation abgetastet. Über die Auswahlsteuerung erregen sie im nächsten Kartengang, wenn die Karte an der zweiten Abfühlstation vorbeiläuft, einen oder mehrere Steuerapparate. Die Buchsen mit den zu steuernden Angaben werden mit der Mitte der Steuerapparate verbunden. Über die Ruhe- und Arbeitskontakte gelangen sie auf verschiedene Druckwerkstellen.

4.2. Einfache Rechenoperationen

Im allgemeinen werden Mengenangaben nicht nur nach verschiedenen Kennzeichen geordnet angeschrieben, sondern auch zusammengefaßt. Dazu gestattet die Tabelliermaschine die Ausführung einfacher Rechenoperationen mit Hilfe von *Zählwerken*. Diese mechanisch arbeitenden Zählwerke können addieren. *Saldierende* Zählwerke ermöglichen die Addition vorzeichenbehafteter Zahlen. Die einzelnen Zählwerkstellen stellen Summenräder dar. Ihre Drehung gegenüber der Grundstellung 0 bewirkt eine Zuordnung zu den Zahlen 1, 2, 3, ..., 8, 9. Ein auf den erregten Eingang geschalteter Impuls zur Indexzeit 9, 8, 7, ..., 2 oder 1 veranlaßt über ein Relais das Einkoppeln eines ständig rotierenden Zahnrads mit dem Summenrad und somit das Weiterdrehen des Summenrads. Das Auskoppeln erfolgt intern zur Indexzeit 0. Ein Impuls zur Indexzeit 3 ruft bis zur Indexzeit 0 eine $^3/_{10}$-Umdrehung des Summenrads und damit eine Addition einer 3 zum Zählerinhalt hervor. Bei einer vollständigen Umdrehung sorgt ein Schaltnocken mit einem Schaltkontakt für die Übergabe eines Impulses für den Zehnerübertrag auf das nächste Summenrad.

Die Subtraktion wird als Addition des Neunerkomplements ausgeführt. Saldierende Zählwerke können durch gesonderte Erregung das Neunerkomplement der Eingabewerte selber bilden. Das Einkoppeln des Zahnrads erfolgt dann zur Indexzeit 9, und das Auskoppeln wird durch den auf den erregten Eingang geschalteten Impuls bewirkt. Ein Impuls zur Indexzeit 3 veranlaßt dann keine $^3/_{10}$-Umdrehung, sondern läßt das Summenrad nach einer $^6/_{10}$-Umdrehung zur Ruhe kommen. Ein eventueller Übertrag wird wie bei der normalen Addition weitergeleitet. Bei nichtsaldierenden Zählwerken muß das Neunerkomplement der Werte zur Subtraktion vorliegen.

Während eines Ganges kann nur eine Ziffer von den Zählwerkstellen aufgenommen werden. Ebenso ist es nicht möglich, Aufnahme und Abgabe gleichzeitig durchzuführen. Während die Aufnahme in dem Kartengang und in Summengängen erfolgen kann, ist die Abgabe der Summen aus dem Zählwerk nur während der Summengänge möglich. Die Abgabe erfolgt entweder über die Bewegung oder während des Ruhezustands der Zählwerke. Im ersten Fall wird das Summenrad in die Grundstellung zurückgedreht. Der unterschiedliche Zeitbedarf zur Erreichung der Grundstellung veranlaßt eine Impulsabgabe zu den verschiedenen Indexzeiten

von 9 bis 0. Im zweiten Fall gelangen die Impulse für die Indexzeiten 9
bis 0 auf Schleifkontakte am Summenrad. Über ein Kontaktstück wird
der der Stellung entsprechende Impuls ausgewählt und weitergeleitet.
Während das Zurückdrehen in die Grundstellung gleichzeitig das *Löschen*
der Angaben bedeutet, muß im zweiten Fall ein gesonderter Löschgang
durchgeführt werden. In diesem Löschgang wird intern das Neunerkomplement der enthaltenen Summe zum Inhalt hinzuaddiert und somit die
Grundstellung des Zählers wieder erreicht. In beiden Fällen können die
Zählwerke auch zur Abgabe des Neunerkomplements veranlaßt werden,
indem das Summenrad in entgegengesetzter Richtung die Grundstellung
erreicht oder die umgekehrte Impulsreihe das Summenrad in Ruhestellung
abfragt. Die Ausgabe des Neunerkomplements ist beispielsweise zum
Drucken einer negativen Summe oder zur Minuseingabe in einen nichtsaldierenden Zähler notwendig. Die Wirkungsweise der Zählwerke soll an
einem Zahlenbeispiel veranschaulicht werden. Dabei ist zu beachten, daß
zwar die Grundstellung der einzelnen Zählwerkstellen die 0 ist, aber die
Grundstellung des gesamten Zählwerks auch das Neunerkomplement der
0 darstellen kann. Die Grundstellung des Zählwerks kann also auch für
alle Stellen eine 9 sein.

Beispiel

Manuell		Im vierstelligen Zählwerk	
0		9999	Grundstellung nach dem Löschen
+ 25 Addition		+ 0025	Addition der Zahl, Eingabe
± 25		10024	
		+ 1	Rückschalten des Übertrags
		0025	Zählerstand, Ausgabe
0		9999	Grundstellung nach dem Löschen
— 25 Subtraktion		+ 9974	Addition des Neunerkomplements
— 25		19973	
		+ 1	Rückschalten des Übertrags
		9974	Zählerstand
		0025	Abgabe des Neunerkomplements

Die Ein- und Ausgabe der Zählwerke wird über die Programmtafel gesteuert. An einer Schaltung soll der Einsatz der Zählwerke erläutert werden.
In den Spalten 46 bis 49 der Lochkarten seien die Kosten von Aufträgen
eingelocht. Diese sollen aufsummiert werden. Die Einzelgrößen und die
gekennzeichnete Summe sind in einer Tabelle anzuschreiben. Wie beim
einfachen Listen werden die Buchsen der zweiten Abfühlstation wieder
mit den gewünschten Stellen 53 bis 50 vom Druckwerk verbunden. Dabei
werden Steuerapparate zwischengeschaltet, die beim Anschreiben der

Summe den entsprechenden Weg von den Zählwerkausgängen zu den Druckwerkstellen freigeben. Die Erregung des Kartengangs erfolgt durch den Startimpuls und durch den Impuls am Ende jedes Kartengangs. Um auch einen Summengang erregen zu können, wird der Startimpuls über einen Schalter geleitet, der vom Bedienungsfeld aus betätigt werden kann. Der Papiervorschub wird einzeilig in jedem Kartengang vorgesehen. Außer der schon bekannten Schaltung muß die Zählwerkeingabe gesteuert werden. Die Zählwerke sind dreistellig. Um die Angaben von vier Spalten aufnehmen zu können, müssen zwei Zählwerke gekoppelt werden, indem der Zehnerübertrag der ersten Stelle des letzten Zählwerks auf die letzte Stelle des vorhergehenden Zählwerks übertragen wird. Es sollen beispielsweise die Zählwerke *3* und *4* eingesetzt werden. Wenn auf das Zählwerk *4* der Inhalt der letzten Spalten eingezählt wird, dann muß der Zehnerübertrag von der ersten Stelle des vierten Zählwerks auf die dritte Stelle des dritten

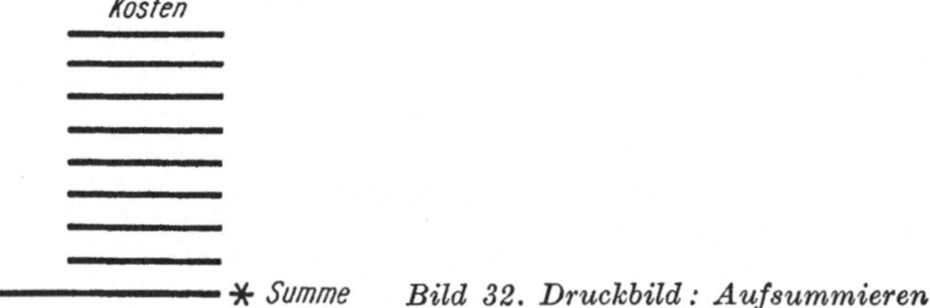

Bild 32. Druckbild: Aufsummieren

Zählwerks übertragen werden. Außerdem muß der Zehnerübertrag entsprechend dem Rechenbeispiel von der ersten Stelle der gekoppelten Zählwerke auf die letzte Stelle geschaltet werden. Dazu wird eine Verbindung vom Zehnerübertrag der ersten Stelle des Zählwerks *3* zur dritten Stelle des Zählwerks *4* hergestellt. Die Buchsen der Spalten 46 bis 49 von der zweiten Abfühleinrichtung werden nun mit dem Zählwerkeingang von *3* und *4* verbunden. Damit die Zählwerke während des Kartengangs aufnehmen, wird die Aufnahme zur gleichen Zeit erregt. Dazu dienen Sendebuchsen, die während der gesamten Indexzeit 9 bis 0 des Kartengangs einen Impuls abgeben. Nachdem alle Karten, von denen die gemeinsame Kostensumme interessiert, die Tabelliermaschine durchlaufen haben, muß die Abgabe der Zählwerke erregt werden. Der Schalter am Bedienungsfeld wird umgelegt. Ein neuer Startimpuls erregt nun über Mitte—Arbeit des Schalters einen *Summengang*. In der Tabelliermaschine können maximal neun bis zwölf verschiedene Summengänge erregt werden. Bei einer fortlaufenden Numerierung der Gänge kann der Kartengang als Gang *1* dargestellt werden. Im vorliegenden Beispiel dient als Summengang der Gang *2*. Der Impuls 9 bis 0 von Gang *2* erregt die Abgabe der Summe von Zählwerk *3* und *4*. Der Ausgang dieser Zählwerke ist mit der Ruhe von Steuerapparat *1* und *2* verbunden. Da *StA1* und *StA2* nur im Kartengang erregt sind, gelangen die Impulse über die Mitte zu den Druckwerkstellen 54 bis 50. Die Steuerapparate werden zwischengeschaltet, um eventuelle Rückströme vom Zählerausgang zu den Bürsten zu unterbinden. Zur Kennzeichnung der Summe wird die Sendebuchse für das Sonderzeichen „Summe" über den gleichen Weg mit der Druckwerkstelle 49 verbunden.

Nach dem Anschreiben wird ein einzeiliger Papiervorschub im Gang *2*
programmiert. Da die Zählwerke *3* und *4* in der Ruhestellung die Werte
abgeben, muß man mit dem Gangendimpuls von Gang *2* einen neuen
Gang, z. B. Gang *3*, erregen, in dem die Zählwerke *3* und *4* über die Lösch-
erregung mit dem Impuls 9 bis 0 gelöscht werden. Nach Ablauf des Ganges
3 und erneutem Start kann die Aufsummierung von Kosten für eine neue
Kartengruppe ausgeführt werden.

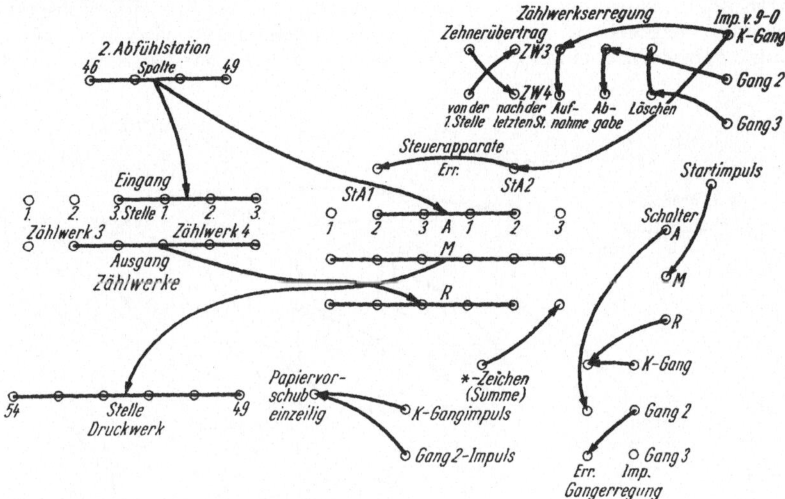

Bild 33. Schaltschema : Aufsummieren

Es können mehrere Zählwerke parallel arbeiten, wobei in diese die gleichen
Zahlen oder unterschiedliche Angaben eingegeben werden.
Durch das Aufsummieren einer 1 aus dem Impulsverteiler während des
Kartengangs in einem Zählwerk können die durchlaufenden Karten ge-
zählt werden.

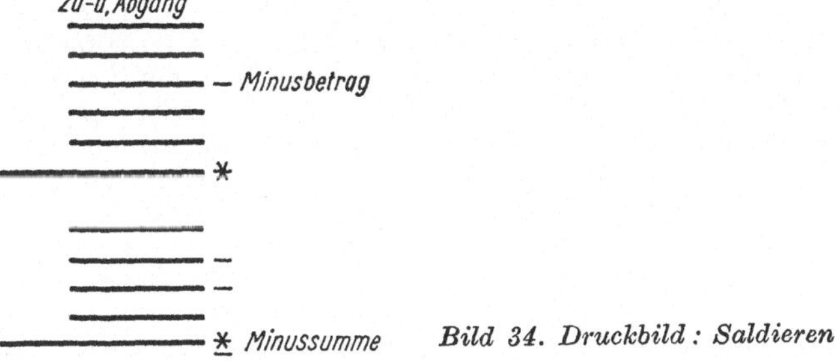

Bild 34. Druckbild : Saldieren

Beim Saldieren wird die erforderliche Schaltung wegen der eventuellen
Minuseinzählung und -abgabe komplizierter. Es sind beispielsweise in den
Spalten 15 bis 17 der Lochkarte Zu- und Abgänge mengenmäßig einge-

tragen. Die Abgänge sind auf der Lochkarte durch eine 3 in Lochspalte 4 gekennzeichnet. Zu- und Abgänge und der Saldo sollen angeschrieben werden. Wie bei der Aufsummierung werden die Buchsen der zweiten Abfühleinrichtung über Arbeit–Mitte eines Steuerapparats und über den kurzgeschlossenen Ein- und Ausgang eines Zählwerks mit dem Druckwerk verbunden. Der Startimpuls erregt über die Ruhestellung eines Schalters den Kartengang, der stets den nächstfolgenden Kartengang wieder erregt. Wegen der Anschreibung der einzelnen Posten wird ein einzeiliger Papiervorschub vorgesehen. Zum Saldieren im Kartengang wird das sechsstellige Zählwerk 8 eingesetzt. Der Zehnerübertrag von der ersten Stelle

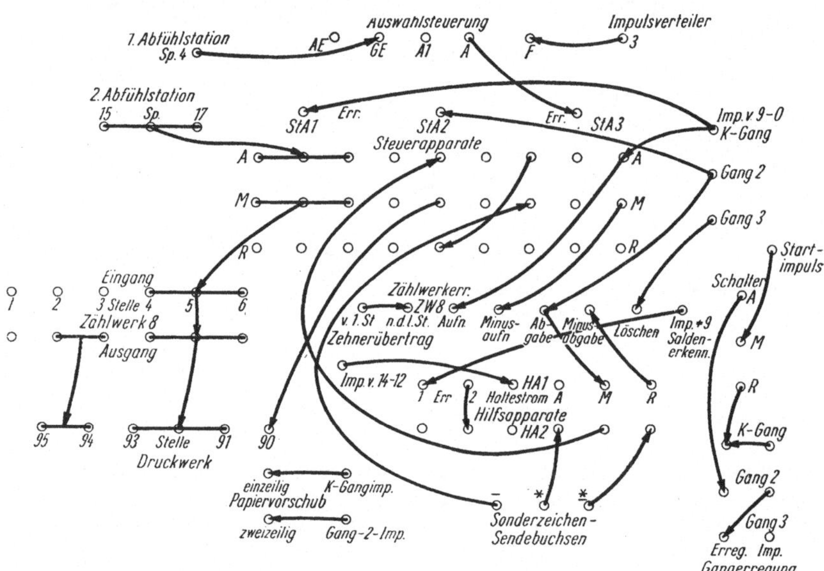

Bild 35. Schaltschema: Saldieren

des Zählwerks wird auf die letzte Stelle zurückgeschaltet. Die Aufnahme wird durch den Impuls 9 bis 0 im Kartengang erregt. Zur Erregung der Minuseinzählung der Abgänge werden die erste Abfühleinrichtung und eine Auswahlsteuerung benutzt. Der Impuls von Spalte 4 auf der ersten Abfühleinrichtung wird auf den geregelten Eingang der Auswahlsteuerung geschaltet und erregt die Auswahlsteuerung, wenn er mit der Indexzeit 3 des Impulses vom Impulsverteiler auf dem Filtereingang übereinstimmt. Im nächsten Kartengang läuft die Karte an der zweiten Abfühleinrichtung vorbei. Der lange Impuls aus dem Ausgang A der Auswahlsteuerung erregt den Steuerapparat 3. Der Impuls 9 bis 0 des Kartengangs erregt über Mitte–Arbeit dieses Steuerapparats die Minusaufnahme des Zählwerks 8. Damit wird für die Karte mit einer 3 in Spalte 4 eine Minuseinzählung der Angaben von Spalte 15 bis 17 erreicht. Durch StA3 wird gleichzeitig die Anschreibung eines Minuszeichens in der Druckwerkstelle 90 gesteuert.

50

Nach Durchlauf der letzten Karte wird der Schalter am Bedienungsfeld umgelegt. Ein neuer Startimpuls erregt den Gang *2*. Der Impuls 9 bis 0 veranlaßt die Abgabe des Zählwerks *8*. Dabei ist zu beachten, daß bei einem negativen Saldo im Zählwerk das Neunerkomplement des Saldos steht. Da das Vorzeichen des Saldos vorher meist unbekannt ist, muß innerhalb des Zählwerks die Möglichkeit der *Saldenerkennung* bestehen. Hierzu wird die Stellung des ersten Summenrads jedes Zählwerks ausgenutzt. Deswegen ist bei einer Saldierung der Zähler so groß zu wählen, daß die erste Stelle des Zählwerks oder der gekoppelten Zählwerke keinen Wert der Summe aufnehmen muß. Aus dem Rechenbeispiel ist ersichtlich, daß dann die erste Stelle die Stellung 0 bei positivem Ergebnis oder 9 bei negativer Summe einnimmt. Die Grundstellung wird als negative Summe gewertet. Das Zählwerk sendet nach jedem Gang einen Impuls zur Indexzeit 14, wenn das Summenrad nicht die Stellung 9 einnimmt. Dieser Impuls wird zur Erregung eines Hilfsapparats ausgenutzt, der von einem Haltestrom von der Indexzeit 14 bis 12 des nächsten Ganges gehalten wird. Der Impuls von 9 bis 0 des Ganges *2* wird über Mitte–Ruhe eines so erregten Hilfsapparats zur Minusabgabe des Zählwerks *8* geschaltet. Ist der Hilfsapparat durch den Impuls + 9 erregt, so enthält der Zähler einen positiven Saldo, die Minusabgabe wird nicht angesprochen. Bleibt der Impuls ≠ 9 aus, so gibt der Hilfsapparat die Erregung der Minusabgabe frei. Das Neunerkomplement des negativen Saldos wird umgekehrt ausgegeben. Gleichzeitig kann mit einem parallelgeschalteten Hilfsapparat die Schreibung des Summenzeichens und des Minussummenzeichens gesteuert werden. Nach Anschreibung der Summe wird ein zweizeiliger Papiervorschub veranlaßt. Der Gang *2* erregt Gang *3* zum Löschen des Zählerinhalts. Damit ist die Maschine zur neuen Saldierung bereit.
Die Saldenerkennung ermöglicht sogar die Ausführung der Multiplikation und Division auf der Tabelliermaschine. Beide Rechenoperationen werden auf fortlaufende Addition oder Subtraktion zurückgeführt. Sie erfordern sehr viel Zeit, da nur eine Addition je Gang, also in 0,4 s, ausgeführt werden kann. Die Saldenerkennung steuert hierbei die wiederholte Erregung des gleichen Summengangs.

4.3. Maschinelle Gruppentrennung

In den bisherigen Auswertungsbeispielen wurde die Summenanschreibung durch manuelle Betätigung eines Schalters nach dem Kartendurchlauf ausgelöst. Die Programmierung gestattet aber auch, über ein Kartenkennzeichen die Auswahlsteuerung und Hilfsapparate zu erregen und über diese die Gangerregung zur Anschreibung von Summen zu steuern. Dadurch können alle auszuwertenden Karten als eine Kartenfolge in die Tabelliermaschine eingegeben werden. Zwischen die Karten wird lediglich eine Steuer- oder Leitkarte gelegt, die einen Summengang auslöst.
Normalerweise enthalten alle Karten, die gemeinsam ausgewertet werden sollen, ein einheitliches Kennzeichen, ein Gruppenmerkmal. Bei Wechsel des Kennzeichens in der Karte sollen die Summengänge ausgelöst werden. Diese Steuerung erfordert eine Vergleichseinrichtung in der Tabelliermaschine. Der Ungleichheitsimpuls erregt einen Hilfsapparat, über den der Gangablauf gesteuert wird. Diese Steuerung ermöglicht die Erregung

von Summengängen, und damit kann eine Summenschreibung mehrerer einander übergeordneter Gruppen verwirklicht werden. Ein Schaltbeispiel zur *automatischen Gruppenbildung* soll den Ablauf bei zwei einander übergeordneten Gruppen veranschaulichen. In den Bereichen, durch Schlüsselzahlen in den Spalten 20 bis 24 der Lochkarte gekennzeichnet, soll die Aus-

Bild 36. Druckbild: Gruppenbildung

wertung des Stundenaufwands, der in Spalte 37 bis 38 eingelocht ist, nach Abteilungen (Spalte 23 bis 24) getrennt durchgeführt werden. Für die Abteilungen liegen mehrere Lochkarten vor, so daß erst die Addition der Angaben den Stundenaufwand je Abteilung zeigt und die Stundensumme für mehrere Abteilungen das Ergebnis für den Bereich liefert. Der Stundenaufwand von jeder Lochkarte wird, ohne anzuschreiben, in ein Zählwerk,

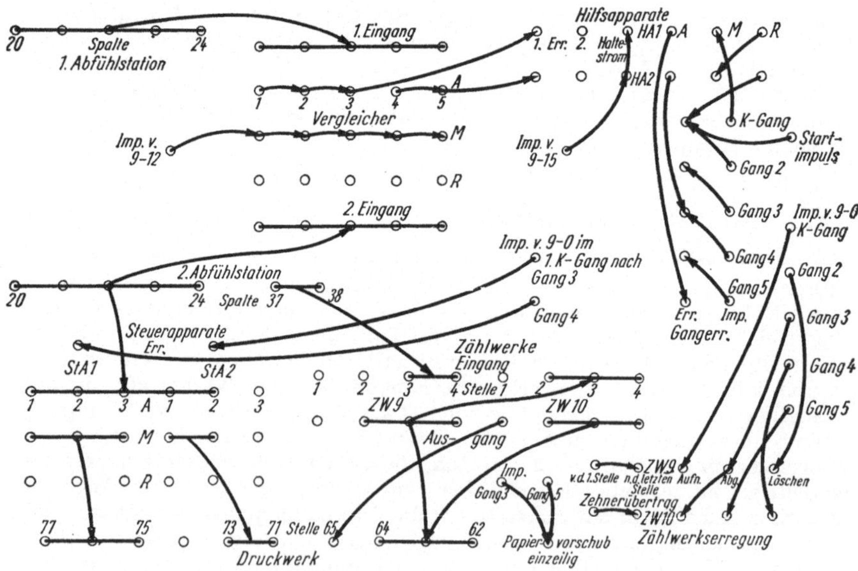

Bild 37. Schaltschema: Gruppenbildung

z. B. Zählwerk *9*, im Kartengang eingezählt. Die Erregung des Ganges *3* infolge des Abteilungswechsels veranlaßt die Abgabe der Summe in Zählwerk *9*, das Drucken der Summe an den Druckwerkstellen *64* bis *62* und das erneute Einzählen der Summe in das Zählwerk *10*. Wechselt der Bereich, so wird Gang *5* erregt, und die Summe von Zählwerk *10* wird an den Druckwerkstellen *64* bis *62* angeschrieben. Um den Wechsel des Bereichs oder der Abteilung festzustellen, wird der Inhalt der Spalten 20 bis 24 von den Karten, die an der ersten und zweiten Abfühleinrichtung vorbeigleiten, verglichen. Bei Ungleichheit wird der Hilfsapparat *1* oder *2* erregt. Der Gangendimpuls vom Kartengang erregt über die Ruhestellung beider den Kartengang, bei Erregung von *HA1* den Gang *5* und bei Erregung von *HA2* den Gang *3*.

Um das Druckbild übersichtlich zu gestalten, werden die Gruppenmerkmale nur einmal zu Beginn jeder Gruppe aus den Lochkarten angeschrieben. Deswegen werden die Gruppenmerkmale zum Drucken über die Mitte-Arbeit von Steuerapparaten geschaltet, die zur einmaligen Anschrift je Gruppe speziell erregt werden. Dazu verfügt die Programmtafel über Buchsen, die einen Impuls von Indexzeit 9 bis 0 nur im ersten Kartengang nach Ablauf des ihnen zugeordneten Summengangs senden. Das Gruppenmerkmal „Bereich" wird also von der zweiten Abfühleinrichtung über den Steuerapparat *1* auf die Druckwerkstellen *77* bis *75* geschaltet. Der Steuerapparat wird durch den Impuls 9 bis 0 im ersten Kartengang nach Gang *5* erregt. Analog wird das Merkmal „Abteilung" geschaltet. Der zugehörige Steuerapparat *2* wird vom Impuls im ersten Kartengang nach Gang *3* erregt. Ein Papiervorschub von einer Zeile im Gang *3* und *5* vervollständigt die Schaltung. Ein Vorschub im Kartengang ist nicht notwendig, da nur die Gruppenmerkmale im Kartengang angeschrieben werden, denen aber immer die Anschrift einer Summe folgt.

Zur Verbesserung des Druckbilds der Tabellen verfügt die Tabelliermaschine über Einrichtungen, die hier nur erwähnt werden sollen. Bei der Anschrift von Summen, evtl. auch von Einzelposten, kann eine Splitteinrichtung eingesetzt werden, die das Anschreiben von Vornullen unterbindet bzw. die Zwischennullen ergänzt. Diese Ergänzung ist bei Tabelliermaschinen notwendig, die für Steuerungszwecke nur einen Impuls von 9 bis 1 statt von 9 bis 0 aufweisen. Einige Maschinen haben einen formularabhängigen Papiervorschub.

Die Auswertungsmöglichkeiten auf der Tabelliermaschine werden durch den Anschluß einer Reihe von Zusatzgeräten vervollständigt, wie Rechner und Summenkartenstanzer.

Wegen des variablen Einsatzes beim Schreiben und bei der Ausführung einfacher Rechenoperationen ist die Tabelliermaschine in den konventionellen Lochkartenstationen zur bestimmenden Maschine geworden.

In Zukunft ist beim Schreiben mit einem zunehmenden Einsatz von Schnelldruckern zu rechnen, die direkt mit Recheneinheiten gekoppelt sind und das Druckbild nicht mehr nach dem Schalttafelprogramm, sondern nach dem intern im Rechner gespeicherten Programm gestalten.

5. Rechnen

Unter Rechnen wird in der Lochkartentechnik die Ausführung aller arithmetischen Grundoperationen mit Hilfe von Lochkartenmaschinen verstanden. Die Ausführung einfacher Rechenoperationen mit den Zählwerken der Tabelliermaschine wurde bereits im vorigen Abschnitt erläutert. Im wesentlichen wurden dabei die Angaben von mehreren Lochkarten zusammengefaßt, d. h. addiert oder saldiert. Die Ausführung einer Multiplikation oder Division ist zwar bei einigen Tabelliermaschinen prinzipiell möglich, wird aber wegen des großen Zeitbedarfs kaum genutzt. Diesen Mangel weisen in der Lochkartentechnik fast alle mechanischen Recheneinrichtungen auf. Aus diesem Grunde hat sich für die Addition bzw. Saldierung mehrerer Angaben von einer Lochkarte sowie für die Multiplikation und Division der Einsatz von zusätzlichen elektronischen Rechengeräten durchgesetzt. Allgemein können folgende Rechnertypen auf Grund der Programmierung unterschieden werden:

1. schalttafelprogrammierte Rechner für eine Rechenoperation,

2. schalttafelprogrammierte Rechner für Rechenfolgen,

3. Rechner mit intern gespeichertem Programm.

5.1. Schalttafelprogrammierte Rechner für eine Rechenoperation

Diese Rechner stellen vielfach Zusatzgeräte für andere Lochkartenmaschinen dar. Die Kopplung erfolgt normalerweise mit dem Doppler, um die Rechenergebnisse in Lochkarten stanzen zu können, oder mit der Tabelliermaschine, um die Ergebnisse anschreiben und über einen angeschlossenen Summenkartenstanzer stanzen zu können.

Auf der Schalttafel der Hauptmaschine ist ein gesondertes Buchsenfeld für das Zusatzgerät vorgesehen. Es erlaubt die Steuerung der Datenübergabe, der Eingabe-, Ausgabe- und Rechenbefehle. Auf dieser Programmtafel werden die Speicherplätze für die Ausgangsdaten festgelegt. Diese Ausgangsdaten zur Rechnung werden entweder den Abfühleinrichtungen, dem Impulsverteiler, den vorhandenen Zählwerken oder Speichern entnommen. Die Rechenergebnisse gelangen aus dem Ergebnisspeicher des Rechners über Schaltverbindungen in das Druckwerk, die Stanzeinrichtung, das Zählwerk bzw. den Speicher oder die Vergleichseinrichtung der Hauptmaschine.

Eine kleine Programmtafel am Zusatzgerät ermöglicht lediglich, die Art der Rechenoperation festzulegen. Die Rechenoperation wird innerhalb eines Ganges der Hauptmaschine ausgeführt. Das bedeutet, daß die während eines Ganges in der Indexzeit 9 bis 0 aufgenommenen Ausgangsdaten schon das Ergebnis im nächsten Gang während der Indexzeit 9 bis 0 liefern. Während die Ausgabe und Aufnahme neuer Daten parallel abläuft, bleibt für die effektive Rechnung nur die Indexzeit 0 bis 9 übrig.

Ein solches Zusatzrechengerät ist der ASM 18 von Robotron (s. Bild 5). Seine Rechenoperationen bestehen aus den beiden folgenden Schritten:

1. Eine Addition bzw. Subtraktion von drei zehnstelligen Operanden mit einem zehnstelligen Saldo als Ergebnis. Die Subtraktion ist programmierbar, darf aber zu keinem negativen Ergebnis führen.

2. Das aus dem ersten Schritt entstandene Ergebnis wird in zwei fünfstellige Multiplikanden $(a \cdot 10^5 + b)$ gesplittet. Außerdem stehen von der Eingabe her zwei vierstellige Multiplikatoren $(c \cdot 10^4 + d)$ bereit. Über die Schalttafel des Rechengeräts können folgende Rechenoperationen in diesem Schritt veranlaßt werden:

1. $(a \cdot 10^5 + b) \cdot (c \cdot 10^4 + d)$,

2. $a \cdot c \cdot 10^9 + b \cdot d$,

3. $(a \cdot d + 0{,}1 \cdot b \cdot c) \cdot 10^5$ oder

4. $(c \cdot 10^4 + d) \cdot b \cdot 10^{-x} \cdot a \cdot 10^5$.

Dabei sind x die im Zwischenprodukt programmäßig zu streichenden Stellen. Es darf nur mit einer maximal achtstelligen Zahl weitergearbeitet werden.

Das Ergebnis wird maximal 18stellig und kann an einer beliebigen Stelle gerundet werden.

Der Rechenschritt 1 wird während der Eingabe ausgeführt. Für den Rechenschritt 2 werden 50 bis 100 ms benötigt. Während die Übergabe der Daten im Hollerith-Schlüssel erfolgt, arbeitet der ASM 18 intern mit dualverschlüsselten Dezimalziffern.

An einem Beispiel soll das Zusammenwirken zwischen einer Hauptmaschine und dem Rechengerät gezeigt werden. In den Lochkarten von

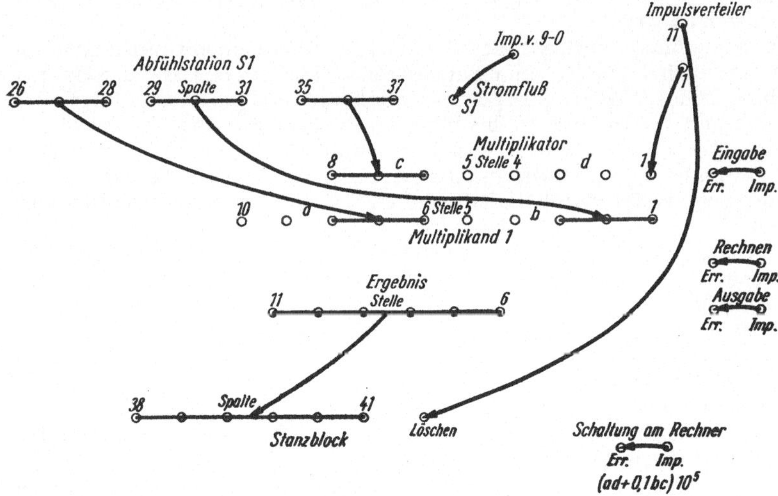

Bild 38. Schaltschema: Rechnen mit Zusatzrechengerät für eine Rechenoperation (ASM 18)

Arbeitsaufträgen seien die Arbeitszeit t_S je Stück in den Spalten 29 bis 31, die Rüstzeit t_A für den Arbeitsgang in den Spalten 26 bis 28 und die Anzahl m der zu bearbeitenden Stücke in den Spalten 35 bis 37 eingelocht. Es soll die gesamte Arbeitszeit für den Auftrag berechnet und in die Spalten 38 bis 43 der Lochkarte gestanzt werden. Als Hauptmaschine wird der Doppler eingesetzt. Die Ausgangsdaten werden von der Abfühleinrichtung $S1$ übernommen und · die Ergebnisse im nächsten Kartengang in die gleiche Lochkarte unter der Stanzeinrichtung eingestanzt. Die Rechnung erfolgt für jede Lochkarte. Die Stanzung kann durch anschließende Wiederholung der Rechnung auf der Abfühlbahn und durch den Einsatz der Vergleichseinrichtung kontrolliert werden.

Die Rüst- und Stückzeit t_A und t_S werden auf die ersten Summanden der Multiplikanden a_1 und b_1 geschaltet. Die Stückzahl m wird auf den Multiplikator c, um eine Stelle nach links verschoben, eingegeben. Gleichzeitig wird vom Impulsverteiler eine 1 auf den Multiplikator d geschaltet. Die Eingabe, der Start der Rechnung und die Ausgabe der Ergebnisse werden mit der Erregungsbuchse kurzgeschlossen, da sie in jedem Gang ausgeführt werden sollen. Im Rechengerät wird die Operation $(ad + 0,1\ bc) \cdot 10^5$ gesteckt und damit die Rechnung $(t_A \cdot 1 + 0,1 \cdot t_S \cdot 10\ m)\ 10^5 = (t_A + t_S\ m) \cdot 10^5$ veranlaßt. Das Ergebnis wird von der *11.* bis *6. Stelle* abgenommen und in die Spalten 38 bis 43 über den Stanzblock eingestanzt.

5.2.   Schalttafelprogrammierte Rechner für Rechenfolgen

Rechner mit schalttafelprogrammierbarer Rechenfolge sind entweder selbständig arbeitende Lochkartenmaschinen oder Zusatzgeräte für andere Lochkartenmaschinen.

Auf der Programmtafel der Hauptmaschine, normalerweise Doppler oder Tabelliermaschine, dient ein Buchsenfeld für die schaltbare Daten- und Steuerbefehlsübergabe.

Der Rechenablauf wird auf der Schalttafel des Rechners festgelegt. Im allgemeinen wird eine Rechnung angestrebt, die in einem Gang der Hauptmaschine abgeschlossen wird. Aus- und Eingabe der Daten erfolgt parallel während der Indexzeit 9 bis 0 in verschiedene Speicher des Rechners. Für die effektive Rechenzeit verbleibt somit die Indexzeit 0 bis 9. Die auszuführenden Operationen und die dazu notwendigen Operanden werden auf der Schalttafel durch Schaltschnüre mit jedem Rechenschritt verbunden.

Ein schalttafelprogrammierter Elektronenrechner für Rechenfolgen ist beispielsweise der an den Doppler oder die Tabelliermaschine anschließbare GAMMA 3B von BULL. Standardmäßig ist er mit vier Speichern für je zwölf dualverschlüsselte Dezimalziffern ausgerüstet. Drei Eingabeeinrichtungen wandeln jeweils zwölf Ziffern aus dem Hollerith-Schlüssel in die Tetradendarstellung um und veranlassen die Aufnahme der Zahlen in drei frei wählbare Speicher. Zwei Ausgabeeinrichtungen dienen der Rückwandlung der Ziffern und der Übergabe der Zahlen aus zwei beliebigen Speichern an die Hauptmaschine.

Die Rechenfolge kann aus maximal 32 programmierbaren Rechenschritten oder *Programmlinien* bestehen, die wiederholt ablaufen können. Für jeden Schritt kann die Operationsart festgelegt und der zugehörige Operand angegeben werden. Der Operand wird durch die Speichernummer, den Beginn und das Ende eines Dezimalstellenbereichs im Speicher eindeutig bestimmt. Gehören zwei Operanden zur Ausführung einer Operation, so dient stets der gesamte Inhalt des ersten Speichers als zweiter Operand. Dieser Speicher, der sog. Rechenspeicher, nimmt auch das Resultat der Rechenoperationen auf.

Die Operationsart OT, der Speicher AD, der Beginn BA und das Ende BE des Bereichs im Speicher werden als Zahlen von 0 bis maximal 15 verschlüsselt, die im Rechner als Impulstetrade dargestellt werden. Als Speicher $AD = 0$ gilt BE. Er enthält die jeweils programmierte Zahl als Inhalt. Die Operationsarten des GAMMA 3B sind aus Tafel 2 ersichtlich.

Tafel 2. Schlüssel für die Operationsarten des GAMMA 3B

Schlüssel-zahl	Operationsart und -inhalt
OT 0 bzw. OT 1	Sprungoperationen. Normalerweise werden die Programmlinien in der Folge 1 bis 32 abgearbeitet. Die Sprungoperation unterbricht die Folge und veranlaßt, daß die Rechnung bei der im Rechenschritt angegebenen Programmlinie fortgesetzt wird. Diese Programmlinie wird durch BA und BE bestimmt. (Rechenschritt-Nr. = volle Tetrade von BA, gefolgt von erster halben Tetrade von BE; 21 = OLOL | OL.) AD und die zweite Tetradenhälfte von BE geben die Bedingung an, bei der der Sprung ausgeführt werden soll. Alle Bedingungen hängen von drei Ereignisgruppen ab: 1. von dem Ergebnis eines vorausgehenden Vergleichs von Zahlen $(>, \geqq, =, \leqq, <)$, 2. von der Erregung eines der Steuerrelais 0 bis 7, 3. von der Indexzeit der Hauptmaschine. Dadurch wird die Synchronisation beider Maschinen in der Arbeit gesichert. Zur Ausführung der Sprungoperation benötigt der Rechner etwa 0,5 ms
OT 2	Stellen des Versetzspeichers. Damit die Rechenoperationen mit Zahlen aus verschiedenen Bereichen des Speichers ausführbar sind, besteht im Rechenspeicher eine Verschiebemöglichkeit der Zahlen. Dabei hilft der Versetzspeicher. Sein Inhalt zeigt die Stellung der niedrigsten Dezimalstelle im Rechenspeicher an. Bei Rechenoperationen wird der Inhalt des Versetzspeichers mit der in BA angegebenen Zahl verglichen und durch Verschieben des Inhalts des Rechenspeichers zwischen beiden Gleichheit erzielt. Das Stellen des Versetzspeichers erfolgt mittels einer Zahlenangabe von 0 bis 11 über BA und dauert etwa 0,5 ms
OT 3	Löschen eines Speichers. Der Inhalt des durch AD bestimmten Speichers wird in dem Bereich von dem festgelegten BA bis BE gelöscht (Dauer etwa 0,7 ms)

Schlüssel-zahl	Operationsart und -inhalt
OT 4	Konstanteneingabe. Es wird die durch BE bestimmte Zahl an der Stelle BA in Speicher AD eingegeben (Dauer etwa 0,7 ms)
OT 5	Statische Eingabe. Der GAMMA 3B kann außer der normalen Eingabe in der Indexzeit 9 bis 0 den Inhalt der Zählwerke und des Impulsverteilers der Tabelliermaschine in der Indexzeit 0 bis 16 eines Ganges abfragen und aufnehmen. Dazu sind etwa 1,9 ms notwendig
OT 6	Übertragen vom Speicher in den Rechenspeicher. Der durch BA und BE bestimmte Bereich des Speichers AD wird nach vorangehender Löschung des Rechenspeichers in diesen übertragen. Der Versetzspeicher nimmt den Inhalt von BA an (Dauer etwa 0,7 ms)
OT 8	Übertragen aus dem Rechenspeicher in den Speicher. Es wird nur der Bereich BA bis BE des Speichers AD gelöscht. Dauer etwa 0,86 ⋯ 2,75 ms, entsprechend der Angleichung des Versetz- und Rechenspeichers an BA
OT 9	Vergleichen. Es wird der Inhalt des Bereichs BA bis BE des Speichers AD mit dem gesamten Inhalt des Rechenspeichers nach Angleichung durch BA verglichen. Das Ergebnis wird bis zu einem neuen Vergleich in einem gesonderten Speicher aufbewahrt (Dauer etwa 0,7 ⋯ 2,6 ms)
OT 10	Addition. Es wird die durch den Bereich BA bis BE bestimmte Zahl in Speicher AD nach Angleichung zu dem Inhalt des Rechenspeichers addiert. Die Dauer für eine Addition beträgt je nach Angleichung des Rechenspeicherinhaltes etwa 0,85 ⋯ 2,75 ms
OT 11	Subtraktion. Der Rechner bildet die Differenz ohne Vorzeichen zwischen der Zahl im Rechenspeicher und der im festgelegten Bereich des Speichers AD (Dauer etwa 1,0 ⋯ 2,9 ms)
OT 12	Kleine Multiplikation. Der Multiplikator steht ab der ersten Dezimalstelle im Rechenspeicher und wird durch das programmierte BA begrenzt. Der Multiplikand steht in dem Bereich BA bis BE in Speicher AD. Das maximal elfstellige Produkt wird stellenweise durch Addition des Multiplikanden zum Inhalt des Rechenspeicherbereichs BA bis BE gebildet, wobei gleichzeitig von der ersten Dezimalstelle des Rechenspeichers eine 1 subtrahiert wird. Entsteht an der ersten Dezimalstelle eine Null, folgt eine Rechtsverschiebung. Der Inhalt des Versetzspeichers, der den Wert von BA annahm, wird durch diese Angleichung bis Null abgebaut. Die Multiplikation ist von der Quersumme und der Stellenzahl des Multiplikators abhängig. Allgemein gilt maximal $0,5 + 1,72 \times$ ms (Stellenzahl des Multiplikators)

Schlüssel- zahl	Operationsart und -inhalt
OT 13	Kleine Division. Der maximal elfstellige Dividend steht im Rechenspeicher. Der Divisor ist im Bereich BA bis BE des Speichers AD zu finden. BA bestimmt gleichzeitig die höchste Stellenzahl des in der ersten Dezimalstelle des Rechenspeichers gebildeten Quotienten. Der Divisor wird so häufig wie möglich von dem Inhalt des Rechenspeicherbereiches BA bis BE subtrahiert, wobei an der ersten Dezimalstelle des Speichers eine 1 addiert wird. Ist der Dividend in dem Bereich kleiner, so erfolgt eine Linksverschiebung des Rechenspeichers. Der Inhalt des Versetzspeichers, der den Wert von BA annahm, wird dadurch wiederum zu Null abgebaut. Als Rechenzeit gilt maximal $0,5 + 1,72$ ms (Stellenzahl des Quotienten)
OT 14	Große Multiplikation. Der Multiplikator steht ab der ersten Dezimalstelle in dem dem Rechenspeicher angeschlossenen Speicher *2* und wird durch die vorhergestellten Versetzspeicherangaben und nicht durch BA begrenzt. Der Multiplikand wird wie üblich bestimmt. Das maximal 23stellige Produkt wird stellenweise durch Addition des Multiplikanden zum Inhalt des Rechenspeicherbereichs BA bis BE gebildet, wobei gleichzeitig von der ersten Dezimalstelle des Speichers *2* eine 1 subtrahiert wird. Die Multiplikation erfolgt sonst wie bei OT 12
OT 15	Große Division. Sie läuft analog zur kleinen Division unter Einbeziehung des Speichers *2* ab. Die maximale Rechenzeit wird nach der genannten Formel bestimmt

Anhand eines Beispiels soll der Ablauf einer Rechenfolge erläutert werden (Bild 39). Von einer Lochkarte werden folgende Angaben: Normstunden, Iststunden, Lohnsatz nach Auftrag und Lohnsatz des Arbeiters, abgefühlt und in die Speicher *2* und *3* des Rechners eingegeben. Außerdem bewirkt ein Kennzeichen für den Zeitlohnarbeiter im Gegensatz zum Kennzeichen des Stücklohnarbeiters die Erregung des Steuerapparats *1* und des Relais *0* am Rechner. Ab Indexzeit 11,5 wird dem Rechner die Abarbeitung der Rechenfolge von der Hauptmaschine aus freigegeben. Es soll für den Zeitlohnarbeiter der Lohn aus der Multiplikation der Istzeit mit dem Lohnsatz des Arbeiters und für den Stücklohnarbeiter aus der Multiplikation der Normzeit mit dem Lohnsatz des Arbeiters berechnet werden. Eine entsprechende Ansteuerung des Speichers über Steuerapparat *1* erlaubt die Abarbeitung dieser beiden verschiedenen Aufgaben durch die gleichen Rechenschritte. Anschließend wird mit $BE = 5$ gerundet. Die folgende Multiplikation der Zehntelpfennigstelle mit 0 führt zur Verschiebung um eine Stelle. Mit der Programmlinie *8* ist die Rechnung für den Zeitlöhner abgeschlossen, das Relais *0* leitet bei Erregung einen Sprung nach Linie *20* ein. Für den Stücklohnarbeiter erfolgt eine Zuschlagsberechnung, falls der Lohnsatz des Auftrags höher ist als sein eigener Lohnsatz. Beide Lohn-

60

Norm- Lohnsatz   Ist- Lohnsatz
Std. d. Auftrags Std. d. Arbeiters

Eingabe

Befehlssteuerung Bedingung	A	M	R	Sprung	Li-nie	OT	AD	BA	BE	Operation Bezeichnung	Ver. Sp.	Rechenspeicher 0 10 8 6 4 2	Speicher 2 0 10 8 6 4 2	Speicher 3 0 10 8 6 4 2	Speicher 4 0 10 8 6 4 2 0
Indexzeit 11,5					0		12		4	Sprung i. Progr.					
					1	3	4			Löschen Sp. 4					
					2	6	3		3	Übertragen .	0				
Steuerapp. 1	3	B	2		3	12	B	3	7	kl. Multiplik.					
					4	10			5	Add. z. Aufrund.					
					5	12		1		kl. Multiplik.					
					6	8	4		6	Speichern					
					7	3	1			Löschen R. Sp.					
Relais 0					8			5	2	Sprung bei Err.					
					9	6	3		3	Übertragen	0				
					10	9	2		3	Vergleichen					
Vergl. $\langle RS\rangle \leq \langle S2\rangle$					11		1	4	5	Sprung b. ja					
					12	11	2		3	Subtraktion					
					13	12	2	3	7	kl. Multiplik.					
					14	10			5	Add. z. Aufrund.					
					15	12		1		kl. Multiplik.					
					16	8	4	6		Speichern	6				
					17	6	2	3	7	Übertragen	3				
					18	13	3	3	7	kl. Division	0				
					19	3	1	3		teilw. Löschen					
					20	3	2			Löschen Sp. 2					
					21	3	3			Löschen Sp. 3					

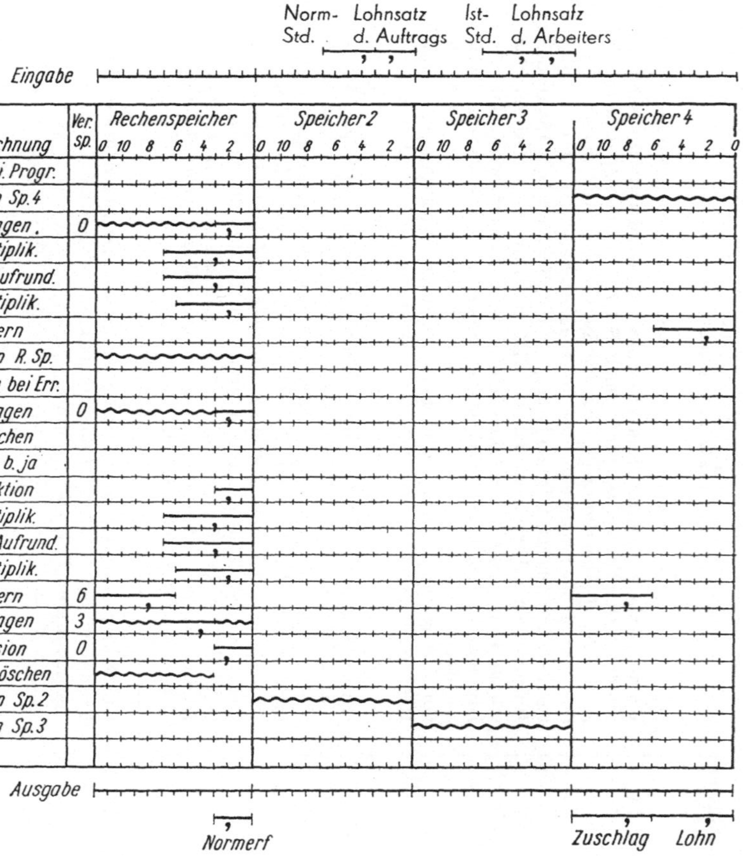

Ausgabe

Normerf   Zuschlag Lohn

Bild 39. Programmablaufplan für einen Rechner mit schalttafelprogrammierter Rechenfolge (GAMMA 3B)

sätze werden dazu intern in Programmschritt *10* verglichen. Ist kein Zuschlag erforderlich, wird nach Linie *17* gesprungen. Es erfolgt die Berechnung der Normerfüllung. Den Abschluß für alle Varianten bildet das Löschen der Speicher *2* und *3*. Der Rechner springt nach Abarbeitung aller Linien auf den Programmschritt *0* zurück und wartet hier den neuen Rechnungsstart ab. Durch günstige Anordnung der Ausgangsgrößen in den Speichern werden Programmschritte und Versetzzeiten für den Inhalt des Rechenspeichers eingespart. Die Rechenzeit beträgt für das Beispiel etwa 0,035 s. Bei einer Gangzeit von 0,4 s und 16 Indexzeiten je Gang bedeutet dies, daß der Rechner nur während der Indexzeit 11,5 bis 13 rechnet. Die Rechnung kann also in jedem Gang ausgeführt werden.

Das Stecken des Programms besteht nach Aufstellung des Ablaufplans nur noch im Verbinden der Buchsen *OT*, *AD*, *BA* und *BE* jedes Programmschritts mit der entsprechenden Impulssendebuchse *1* bis *15*. Für die *0* wird keine Sendebuchse benötigt. Die zwischengeschalteten Steuerapparate sind beim Stecken zu berücksichtigen.

5.3. Rechner mit intern gespeichertem Programm

Diese Rechner für die Lochkartentechnik gehören zu den intern programmgesteuerten elektronischen Digitalrechnern, bei denen aber der äußere Datenträger hauptsächlich die Lochkarte ist. Sie bestehen aus einer Zentraleinheit mit internem Speicher und angeschlossenen Ein- und Ausgabeeinheiten. Ein- und Ausgabe richten sich vollständig nach dem internen Rechenablauf. Schalttafeln werden bei diesen Rechnern nur noch zur Zuordnung der Lochkartenspalten zu den einzelnen Speicherstellen benutzt.

Die interne Programmspeicherung ermöglicht eine variationsreiche schnelle Abarbeitung einer umfangreichen Rechenfolge. Durch die Programmeingabe über Lochkarten sind die Rechner sehr schnell für die verschiedensten Aufgaben einsatzbereit. Im Gegensatz zur Programmierung auf Schalttafeln ist die Aufbewahrung der Programmkarten verhältnismäßig einfach. Den Lochkartenstationen stehen beispielsweise als Rechner mit intern gespeichertem Programm der ROBOTRON 100 von Soemtron (Bild 40) und der GAMMA 10 von BULL zur Verfügung.

Der ROBOTRON 100 hat als Hauptspeicher eine Magnettrommel mit 940 Plätzen für je 14 dualverschlüsselte Dezimalziffern. Von diesen Speicherplätzen haben 40, auch Zwischenspeicher genannt, eine mittlere Zugriffszeit von 1 ms und die übrigen eine Zugriffszeit von 5 ms. Außerdem sind auf der Magnettrommel ein Schnellspeicher für drei Dezimalziffern und die Speicher des Rechenwerks, auch *Register* genannt, untergebracht. Zu den Registern des Rechenwerks gehören der Akkumulator *AC*, das Multiplikandenregister *MD* und das nichtprogrammierbare Multiplikatorenregister *MR*.

Ein normaler Speicherplatz gestattet die Unterbringung einer zwölfstelligen Dezimalzahl mit Vorzeichen oder von zwei Befehlen zu je sieben Tetraden. Die Ein- und Ausgabe erfolgt über das Lochkarteneingabe- und -ausgabegerät (Doppler) und bei Erprobung und Kontrolle über die

elektrische Schreibmaschine am Bedienungspult. Zur normalen Ein- und
Ausgabe sind jeweils acht Speicherplätze des Zwischenspeichers, also eine
Speicherkapazität von je 96 Dezimalziffern, direkt mit dem Doppler verbunden. Abfühl- und Stanzbahn können getrennt gesteuert werden und
erlauben eine Verarbeitung von maximal 6000 Karten je Stunde und
Bahn.
Der ROBOTRON 100 benötigt für die Addition und Subtraktion etwa
0,5 ms, zur Multiplikation etwa 2 · (1 + Multiplikatorenstellenzahl) ms
und zur Division etwa 3 · (1 + Quotientenstellenzahl) ms.

Bild 40. Lochkartenrechner ROBOTRON 100

Die sieben Tetraden der Befehlswörter gestatten die Angabe einer Rechenoperation und einer Transportoperation.
Die Rechenoperationen, in der Tetrade *1* und *2* verschlüsselt, werden nur
mit dem Inhalt der Rechenspeicher *AC* und *MD* ausgeführt. Das Ergebnis
steht anschließend im Akkumulator *AC*. Bei der Multiplikation kann in
Tetrade *3* die vom Produkt zu streichende Stellenzahl und bei der Division
die zusätzlich notwendigen Stellen des Quotienten angegeben werden.
Der Inhalt der Haupt- und Zwischenspeicherplätze kann nur durch eine
vorausgehende Transportoperation in die Rechnung einbezogen werden.
Der Transport vor der Rechnung überträgt den Inhalt des angesprochenen
Speichers in den gewünschten Rechenspeicher. Nach der Rechnung wird
das Ergebnis durch Transportoperationen aus dem *AC* in den angegebenen
Speicher übergeführt. Die Transportart wird in Tetrade *4* des Befehls und
die Nummer oder auch Adresse des beteiligten Haupt- oder Zwischen-
speichers in Tetrade *5* bis *7* angegeben. Bei bestimmten Rechenopera-
tionen kann der Inhalt der Tetrade *5* bis *7* direkt als Operand in die
Rechenspeicher transportiert werden.
Eine in Tetrade *1* und *2* angegebene Transportoperation ermöglicht das
Umspeichern von vier Speicherplätzen des Hauptspeichers in die des
Zwischenspeichers und umgekehrt. Dabei werden die Rechenspeicher
nicht benutzt.
Die Ein- und Ausgabe von Daten wird durch entsprechende Befehle in den
Tetraden *1* und *2* während der Rechnung veranlaßt. Sprünge und Stop

62

müssen im Rechenprogramm durch Schlüsselzahlen in den Tetraden *1* bis *2* angegeben sein. Die Ausführung beider Befehle kann von der Stellung programmierbarer Schalter, d. h. Selektoren, und von dem Inhalt des AC abhängig gemacht werden. Die Bedingung wird in Tetrade *3* kodiert.

Bei Sprungoperationen dient der Inhalt der Tetrade *5* bis *7* als Sprungadresse, die den Speicherplatz des folgenden Rechenbefehls angibt.

Verschiebeoperationen für den Inhalt des Akkumulators AC und Selektorsteuerungen vervollständigen die Befehlsliste des ROBOTRON 100. Die Selektoreinschaltung kann auch durch ein Kennzeichen in der gelesenen Lochkarte veranlaßt werden (Tafel 3).

Der Rechenablauf innerhalb des Rechners soll an der Berechnung optimaler Losgrößen veranschaulicht werden. Die Losgröße L sei nach folgender Formel berechenbar:

$$L = \sqrt{M} = \sqrt{2\,P\,Rk\,/\,Lk}\,;$$

P Produktionsmenge in Stück/Zeiteinheit,

Rk einmalige Rüstkosten je Los in Preiseinheiten,

Lk Lagerkosten je Stück und Zeiteinheit in Preiseinheiten.

Die Quadratwurzel wird über die Newtonsche Näherungsformel durch folgende Iteration berechnet:

Schritt 1: Aus gegebenem M berechne x nach: $x = 0{,}5\,M + 0{,}5$!
Gehe nach Schritt 2!

Schritt 2: Aus gegebenem x und M berechne L nach:
$L = (M/x + x) \cdot 0{,}5$! Gehe nach Schritt 3!

Schritt 3: Wenn $x - L >$ „erlaubte Differenz" ist, dann soll x den Wert von L annehmen und ein neues L in Schritt 2 berechnet werden! Sonst gehe nach Schritt 4!

Schritt 4: Das gerundete L ergibt die optimale Losgröße.

Die Angaben P, Rk und Lk werden den Lochkarten entnommen und in die Zwischenspeicher 900 bis 902 eingegeben. Die optimale Losgröße wird über den Speicher 920 im Stanzblock des Dopplers gestanzt.

Das Rechenprogramm (Bild 41) sieht als erstes die Eingabe der Ausgangsgrößen und die Ausgabe der bisher berechneten Losgrößen vor. Wegen der Eingabe von zwei Abfühleinrichtungen können intern Fehler durch Vergleich erkannt werden und die Rechnung bei solchen Angaben programmäßig unterbunden werden. Die eigentliche Berechnung beginnt mit dem Transport des P in die Rechenspeicher AC und MD und mit der anschließenden Addition zu $2\,P$. Die Summe wird durch Lk dividiert, wobei der zu bildende Quotient vier zusätzliche Stellen aufweisen soll. Bei der folgenden Multiplikation mit Rk werden die beiden letzten Stellen wieder gestrichen. Das berechnete M wird nach 902 abgespeichert. Im Rechenwerk wird nun mit 0,5 multipliziert und zur Bestimmung von x 50 hinzugefügt. Für die Abspeicherung von x wird der Ergebnisspeicher 920 be-

Tafel 3. Befehlsschlüsselliste des ROBOTRON 100

Befehlsgruppe	\-	Grundoperation	\-	\-	Zusatzstellen	\-	\-	\-	\-	Adressenteil
	Symbol	Kode	1. und 2. Stelle	Symbol	Kode	3. Stelle	Symbol	Kode	4. Stelle	5. bis 7. Stelle
Transport	TZ	09	Blocktransport ⟶ ZS		0	keine Bedeutung	0 bis 9	0 bis 9	Mittlere Stelle der Zieladresse ZS	1. Adresse des Herkunftblockes ZS, HS
	TH	19	Blocktransport ⟶ HS				0 bis 1	0 bis 1	Mittlere Stelle der Herkunftsadr. ES	1. Adresse des Zielblockes HS
	US	30	Umspeichern ⟨SR⟩ + 1 ⟶ SR							Zieladresse
	/	00	Transport							
Rechnen	+	01	Addition ⟨AC⟩+⟨MD⟩ ⟶ AC	0 bis 3	0 bis 3	kein Transport vor der Operation: Einlaufunterdrückung der n höchsten Stellen (ab 12. Stelle) $n \le 11$			Transporte — vor der Op.: ⟨Sp⟩ nach / nach der Op.: ⟨AC⟩ nach (Schlüssel siehe unten)	Adresse Sp gemäß 4. Stelle
	−	02	Subtraktion ⟨AC⟩−⟨MD⟩ ⟶ AC							
	B	10	Betragsbildung |⟨AC⟩| ⟶ AC							
	+Z	11	Addition ⟨AC⟩ + Z ⟶ AC	1 bis 7	1 bis 7	Operand Z zur Veränderung ⟨AC⟩ $Z \le 15$				
	−Z	12	Subtraktion ⟨AC⟩ − Z ⟶ AC							
	×	03	Multiplikation ⟨MD⟩ × ⟨AC⟩ ⟶ AC	0 bis 7	0 bis 7	Verschiebung des Maschinenkommas $n \le 15$; Multiplikation $n = K_{MD} + K_{AC} - K_{Er}$; Division: $n = K_{MD} - K_{AC} + K_{Erg}$				
	:	04	Division ⟨AC⟩ : ⟨MD⟩ ⟶ AC							
Rechnen mit Adressenteil als Operand	×	23	Multiplikation ⟨MD⟩ × ⟨AC⟩ ⟶ AC							Symbol |Adr|
	:	24	Division ⟨AC⟩ : ⟨MD⟩ ⟶ AC							
	/	20	Transport	0 bis 3	0 bis 3	beim Transport vor der Operation: Einlauf‑Verschiebung der n Stellen $n \le 11$				wird vor der Operation als Operand transportiert gemäß 4. Stelle
	+	21	Addition ⟨AC⟩ + ⟨MD⟩ ⟶ AC							
	−	22	Subtraktion ⟨AC⟩ − ⟨MD⟩ ⟶ AC							
Stop	H	39	Stop			Bedingungen wie bei Befehlsgruppe Sprung			Pseudodezimale (siehe unten)	
Verschiebung	L	05	Linksverschiebung ⟵ ⟨AC⟩	0 bis 4	0 bis 4	Verschiebung des Inhaltes von AC um n Stellen $n \le 12$				Adresse Sp gemäß 4. Stelle
	R	15	Rechtsverschiebung ⟨AC⟩ ⟶							
Ein- und Ausgabe	DA	27	Schreibmaschinen‑Ausgabe aus AC		0	keine Bedeutung				000 keine Bedeutung
	DM	37	Schreibmaschinen‑Ausgabe aus MD							
	!E	18	Ein‑ und Ausgabe Ende		0	keine Wirkung	K	0	keine Wirkung	
	!A	17	Ein‑ und Ausgabe Anfang	1	1	Eingabestop 1. Block	H	1	kein Stop bei F	
	!	07	Ein‑ und Ausgabe	2	2	Eingabestop 2. Block	F	2	Stop bei Fehlern	
				4	4	Bahnstop	!	4	Löschg. Fehleranz.	
				L	8	Programmeingabe	!	5	wie 4 + 1	
								6	wie 4 + 2	
Selektorsteuerung	SE	13	Selektor‑Einschaltung	U	0	**Bedingung:** unbedingt	F	0	Es wird geschaltet: Fehleranzeige	
	SA	33	Selektor‑Ausschaltung	1 bis 6	1 bis 6	Selektor 1…6 eingeschaltet	5	1	Selektor 5	
							6	2	Selektor 6	
							B	3	Selektoren 5 und 6	
Sprung	Sp	06	Sprung	≠	7	⟨AC⟩ ≠ 0	H	1	Bed. erfüllt | nicht erfüllt: ein / Stop bei F / aus	Ansprung‑Adresse (a‑Befehl)
				−	8	⟨AC⟩ < 0	K	2	aus / bei F / ein	
	UP	26	Unterprogramm‑Anruf Absprungadr. +1 ⟶ SR	F	9	Fehleranzeige eingeschaltet	A	8	Löschg. AC	
							F	4	Löschg. Fehleranzeige — Kombinationen	
		40	Summand für die Adressen‑Substitution							Symbol (Adr.)

Schlüssel 4. Stelle (Befehlsgruppen Rechnen und Verschiebung) — Transporte vor der Op. ⟨Sp⟩ nach / nach der Op. ⟨AC⟩ nach

Symbol	Symbol	Kode	⟨Sp⟩ nach (vor der Op.)	⟨AC⟩ nach (nach der Op.)
−	−	0		
A	−	1	AC	
−	S	2		Sp
A	S	3	AC	Sp
M	−	4	MD	
R	−	5	MD u. AC	
M	S	6	MD	Sp
R	S	7	MD u. AC	Sp
−	M	8		MD
A	M	9	AC	MD
−	B	$\ddot{2}$		MD u. Sp
A	B	$\ddot{3}$	AC	MD u. Sp
M	M	$\ddot{4}$	MD	MD
R	M	$\ddot{5}$	MD u. AC	MD
M	B	$\ddot{6}$	MD	MD u. Sp
R	B	$\ddot{7}$	MD u. AC	MD u. Sp

Pseudodezimale:
10 ≙ $\ddot{2}$
11 ≙ $\ddot{3}$
12 ≙ $\ddot{4}$
13 ≙ $\ddot{5}$
14 ≙ $\ddot{6}$
15 ≙ $\ddot{7}$

nutzt. Ein Transportbefehl holt nun das M in den Akkumulator. Es folgt die Division durch x und die Addition von x, das vorher in das Multiplikandenregister transportiert wird. Die Multiplikation des Ergebnisses mit 0,5 führt zu L. Nachdem x aus 920 ins MD gebracht wurde, speichert man das neue L noch im gleichen Befehlswort nach 920 ab. Die positive

Kodierung			Bef. Adr.	Sprung	Befehl — Operation 4	12	3	4	Adresse 567	A/Ä	Bemerkungen — ⟨AC⟩	Transport ins MD	Schritt-Nr.
Op.	Adr.	A/Ä											
0705	000	1	000			/		5					
0690	000					Sp	F		000	X	·	Sprung bei Fehler	
0105	900		001		R	+			900		2P	P	
0444	901				M	:	4		901		2P/Lk	Lk	
0326	902		002		M	x	2	B	902		· M	Rk Berechn. v. M	
2311	005				A	x	1		/005/		0,5M	M	
2104	050		003		M	+			/050/		X	0,50	
0002	920							S	920			Berechn. d. Ausg. wertes	
0001	902		004		A				902		M		
0424	920				M	:	2		920		M/x	X	
0104	920		005		M	+		M	920		M/x + x	X	
2311	005				A	x	1		/005/		L	M/x + x	
0006	920		006		M			S	920			X	
0200	000					—					L−x		
1120	000	2	007			+Z	10				0,1−(x−L)		
0680	004					Sp	—		004	X		Iterationsende	
2004	050		008		M				/050/			0,50	
0101	920				A	+			920		L + 0,50	aufrunden	
1522	920	2	009		R	2	S		920				
0600	000					Sp	u		000	X		neue Eingabe	

Bild 41. Programm zur Berechnung von Losgrößen auf dem Robotron 100

Differenz beider Größen wird von der erlaubten Abweichung 10 subtrahiert. Ist das Ergebnis negativ, dann wird die Berechnung von L wiederholt. Ist das Ergebnis positiv, so wird die Rechnung durch eine Rundung mit 50 und um eine Rechtsverschiebung um zwei Stellen abgeschlossen. Die berechnete Losgröße kann gestanzt werden.

Da die Anzahl der Rechenzyklen von der Größe der Ausgangsdaten abhängt, kann die Rechenzeit nur in Abhängigkeit von M bestimmt werden. Bei einem $M = 1000$ dürften maximal 0,1 s benötigt werden.
Damit ist eine laufende Verarbeitung der Karten auf der Stanzbahn gesichert.

In dem Beispiel werden nur zehn Speicherplätze für die Programmbefehle und vier für die Daten benötigt. Damit ist die Speicherkapazität des ROBOTRON 100 nicht ausgelastet. Der Rechner kann zur Bewältigung wesentlich umfangreicherer Berechnungen, die gleichzeitig durch eine Vielzahl von Bedingungen variiert werden, eingesetzt werden. Typische Beispiele dürften dafür die Nettolohnrechnung und die betriebliche Planungs- und Kontrolltätigkeit sein.

Der Lochkartenrechner GAMMA 10 (Bild 42) hat je nach Ausrüstung eine Kernspeicherkapazität von 1024 bis 4096 Stellen für eine Ziffer, einen Buchstaben oder ein Sonderzeichen. Die Rechenoperationen können auf Grund der 2-Adreßbefehle in einem Arbeitsbereich mit maximal 64 wählbar langen Arbeitsfeldern für quantitative Größen und mit den 64 Trennmarken, auf denen noch logische Größen speicherbar sind, ausgeführt werden. Drei weitere Speicherbereiche mit jeweils 64 weiteren Speicherfeldern können entsprechend der Kernspeicherkapazität des Rechners aufgebaut werden. Die Befehle, die 3 Speicherstellen in Anspruch nehmen, sind unterprogrammäßig in maximal 60 Serien gegliedert, die höchstens 64 Befehle, auch Linien genannt, enthalten können. Die verschiedenen Befehle sind in Tafel 4 zusammengestellt. Wenn auch die Speicherung der Befehle sich von der der Daten unterscheidet, so sind doch Befehlsmodifikationen möglich. Die gepufferte Ein- und Ausgabe erfolgt über die kombinierte Lese- und Stanzbahn mit maximal 18 000 Karten je Stunde und einen Drucker mit maximal 300 Zeilen je Minute. Die Kartenbahn weist einen Hauptzufuhrschacht und einen gesonderten Zufuhrschacht für Leerkarten zum Stanzen sowie 3 Ablagefächer auf. Die Druckwalze kann für die Schreibung unterschiedlicher Formulare geteilt sein. Wegen der Druckmöglichkeit kann man den GAMMA 10 auch als elektronische Tabelliermaschine betrachten.

Bild 42
Lochkartenrechner GAMMA 10

Tafel 4. Befehle des Gamma 10

	Befehl			
	Operation	OP	Adresse	
	Abk.	Kode	A	B
1. Übertragen und Versetzen				
Setze A_i rechtsbündig in A_j ein	AWA	12	i	j
Übertrage A_i nach A_j	ANA	08	i	j
Übertrage A_i nach $S1_j$	AS1	13	i	j
Übertrage A_i nach $S2_j$	AS2	14	i	j
Übertrage A_i nach $S3_j$	AS3	15	i	j
Übertrage $S1_i$ nach A_j	SA1	09	i	j
Übertrage $S2_i$ nach A_j	SA2	10	i	j
Übertrage $S3_i$ nach A_j	SA3	11	i	j
Verschiebe A_i um j Stellen nach rechts	VNR	22	i	j
Verschiebe A_i um j Stellen nach links	VNL	23	i	j
Verschiebe A_j um 1 Stelle nach links und setze C_i auf die freie rechte Stelle	SVA	18	i	j
Übertrage I_i nach I_j	IAI	36	i	j
Übertrage I_i als Vorzeichen nach A_j	IAV	37	i	j
Übertrage das Vorzeichen von A_i nach I_j	VAI	38	i	j
Übertrage das Vorzeichen von A_i nach A_j	VAV	39	i	j
Übertrage R_i nach R_j	RNR	30	i	j
2. Rechnen				
Vergleiche A_i mit A_j	VGL	19	i	j
Addiere A_i zu A_j	ADD	16	i	j
Subtrahiere A_i von A_j	SUB	17	i	j
Multipliziere A_i mit A_j nach A_{63}	MUL	20	i	j
Dividiere A_{63} durch A_i nach A_j	DIV	21	i	j
3. Änderung des Programmablaufs				
Halt	HLT	35	—	—
Sprung wegen I_i nein nach L_j	SLN	04	i	j
Sprung wegen I_i nein nach S_j	SSN	05	i	j
Sprung wegen I_i ja nach L_j	SLJ	06	i	j
Sprung wegen I_i ja nach S_j	SSJ	07	i	j
Sprung wegen V_i nach L_j	SL.	00	i	j
Sprung wegen V_i nach S_j	SS.	01	i	j
Sprung nach Rücksprungadresse in R_j	SUZ	03	—	j
Setze den Inhalt der letzten 2 Stellen von A_i in B_j ein	BMA	31	i	j
4. Ein- und Ausgabe				
Übertrage P_j alphanumerisch, rechtsbündig nach A_i	PAA	29	i	j
Übertrage von P_j die Ziffern 1…9 rechtsbündig nach A_i	PAN	28	i	j
Übertrage A_i alphanumerisch, rechtsbündig nach P_j	APA	24	i	j
Übertrage von A_i Beträge rechtsbündig nach P_j	APB	25	i	j
Übertrage von A_i Ordnungszahlen rechtsbündig nach P_j	APO	27	i	j
Setze C_i in die äußerste rechte Stelle von P_j ein	SPE	26	i	j
Lochkarte lesen und Kartentransport	KAL	32	—	—
Lochkarte von Leerkartenbahn einschießen und Kartentransport	KEI	32	01	—
Kartentransport nach dem Stanzblock	KHB	32	02	—
Stanzen und Ansteuerung von Fach j	SUA	33	—	j
Druck mit Vorschub 1 um x_1 und 2 um x_2	DMV	34	x_1	x_2

Anmerkung zu den Befehlen des Gamma 10

A_i Arbeitsfeld i

$S1_i$ Speicherfeld i in Bereich 1

$S2_i$ Speicherfeld i in Bereich 2

$S3_i$ Speicherfeld i in Bereich 3

C_i Kodezeichen i

I_i Indexspeicher i auf der Trennmarke (log. Speicher)

R_i Programm-Adreß-Register i
R_0 enthält stets Rücksprungadresse

L_i Linie i

S_i Serie i

V_i Vergleichsbedingung nie erfüllt   i = 00   Abk.   O

$$\text{vorher} \begin{cases} A_i < A_j & i = 01 & L \\ A_i = A_j & i = 02 & G \\ A_i \leqq A_j & i = 03 & I \\ A_i > A_j & i = 04 & R \\ A_i \neq A_j & i = 05 & U \\ A_i \geqq A_j & i = 06 & E \end{cases}$$

       stets erfüllt   i = 07   S

B_i Befehlsteil (OP $\vee$ A $\vee$ B) an der i. Stelle
nach dem Modifizierungsbefehl OP31

P_i Puffer mit Stellenzahl 1 bis i nach den
bis dahin aufgerufenen Pufferstellen

x   Vorschub um 0 Zeilen   x = 00
                  1 Zeile   x = 01
                  2 Zeilen   x = 02
                  3 Zeilen   x = 03
         bis Lochung in Kanal   0   x = 40
                               1   x = 41
                               2   x = 42
                               3   x = 43
                               4   x = 44
                               5   x = 45
                               6   x = 46
                           des Vorschubstreifens

Das Beispiel zur Losgrößenberechnung wird auch hier nochmals zur Demonstration der Programmierung dieses intern programmgesteuerten Rechners gezeigt (Bild 43).

Die moderne Lochkartentechnik wird durch den Einsatz von Elektronenrechnern mit intern gespeichertem Programm gekennzeichnet. Diese Rechner erschließen einerseits der Lochkartentechnik neue Arbeitsgebiete; andererseits ermöglichen sie es, in den Lochkartenstationen Arbeitsgänge, z. B. das Sortieren, einzusparen oder bestimmte Komplexe zusammenzufassen, wie Rechnen, Drucken und Stanzen.

Losgrößenberechnung										Γ 10	Serie: 01
Sprung auf		54 55 56	58 59	60 61	62 63	67 68 69	70 71	72 73	74 75 76 77		
Ser.	Linie	Befehl	OT	A	B	Ser.	Lin.				
	↑	H L T	3,5	—	—		00				
	↑	K A L	3,2	—	—		01				
		P A N	2,8	—	3,1		02				Leerstellen
		P A N	2,8	0,4	0,7		03				Lk
		P A N	2,8	0,3	0,8		04				Rk
		P A N	2,8	0,2	0,5		05				P
		P A A	2,9	0,1	2,9		06				Schlüssel-Nr.
		M U L	2,0	0,2	0,3		07				$P \times Rk$
		V N L	2,3	6,3	0,4		08				$10^4 \times P \times Rk$
		D I V	2,1	0,4	0,5		09				$10^4 \times P \times Rk/Lk = 0{,}5 \times 10^4 \times M$
		A N A	0,8	0,5	6,3		10				
		V N R	2,2	6,3	0,2		11				$50 \times M$
		A D D	1,6	0,8	6,3		12				$50 \times M + 50 = 100 \times x$
		A N A	0,8	6,3	0,6		13				
	↑	A N A	0,8	0,5	6,3		14				
		D I V	2,1	0,6	0,7		15				$50 \times M/x$
		M U L	2,0	0,6	0,8		16				$5000 \times x$
		V N R	2,2	6,3	0,2		17				$50 \times x$
		A D D	1,6	0,7	6,3		18				$50 \times M/x + 50 \times x = 100 \times L$
		S U B	1,7	6,3	0,6		19				$100 \times x - 100 \times L$
		V G L	1,9	0,6	0,9		20				$100 \times (x-L) \quad \geqq 10\,?$
		S L R	—	0,4	1,3		21				
		A D D	1,6	0,8	6,3		22				$100 \times L + 50$
		V N R	2,2	6,3	0,2		23				L gerundet
		D M V	3,4	0,2	—		24				
		A P A	2,4	—	5,2		25				Leerstellen
		A P B	2,5	6,3	2,5		26				L
		A P A	2,6	0,1	4,3		27				Schlüssel-Nr.
		S U A	3,3	—	—		28				
		A P A	2,4	—	2,6		29				Leerstellen
		A P B	2,5	6,3	5,4		30				L
		S L N	0,4	3,2	0,1		31				letzte Karte?
		K H B	3,2	0,2	—		32				
		S L S	—	0,7	—		33	1	1		
							34				
							35				
							36				
							37				
							38				

(In der Trennspalte senkrecht: „in jede Karte lochen")

Bild 43. *Programm zur Losgrößenberechnung auf dem Gamma 10*

6. Lochkartentechnologie

Nach der Darstellung der verschiedenen Einsatzmöglichkeiten der einzelnen Lochkartenmaschinenarten interessiert nun das Zusammenwirken der Maschinen bei der Datenverarbeitung, d. h. das Aufgabengebiet der *Lochkartentechnologie*.

Die Lochkartentechnologie umfaßt

a) die Bestimmung der einzusetzenden Maschinentypen auf Grund der Auftragsart und der zur Verfügung stehenden Maschinenkapazität,

b) die Programmierung der Maschinen und

c) die Festlegung der Arbeitsfolge an den einzelnen Maschinen.

Außerdem sind die Arbeitszeit zu bilanzieren und die Kosten und die Preise zu ermitteln.

Anhand des Auftrags zur maschinellen Aufbereitung und Zusammenstellung der Materialkostenrechnung eines Betriebs sollen die Aufgaben der Lochkartentechnologie erläutert werden.

Dieser Auftrag enthält eine monatliche Zusammenfassung der Materialkosten nach Kostenstellen, Kostenträgern und Materialkonten für die Finanzbuchhaltung. Bei den Kostenstellen und Materialkonten wird für Kontrollzwecke eine Gegenüberstellung mit den geplanten Materialkosten gewünscht. Es werden einerseits die Belege über den Materialverbrauch und andererseits die Lochkarten über den geplanten Materialverbrauch je Materialkonto der Kostenstellen zur Verfügung gestellt.

Die Materialverbrauchsbelege enthalten folgende Angaben, die in die Lochkarte übernommen werden:

Art der Angabe	Stellenzahl	Vorgesehene Lochspalten
Belegnummer	4	29 bis 32
Monat	2	3 bis 4
Jahr	1	5
Kostenstelle	5	16 bis 20
Auftragsnummer	10	6 bis 15
Materialnummer	8	21 bis 28
Mengeneinheit	1	33
Menge	6	34 bis 39
Preiseinheit	1	40
Preis je Preiseinheit	6	41 bis 46

Zur Unterscheidung von Lochkarten mit einem anderen Inhalt erhält diese Kartenart als Kartenkennzeichen eine 33 in den Spalten 1 bis 2 (s. Bild 2).

Materialrückgaben werden durch ein Steuerloch in Zeile 11 der Lochspalte 39 kenntlich gemacht. Da der Beleg keine Angaben über den Materialwert enthält, muß er mit Hilfe der Mengenangaben, der Preiseinheit und des Preises je Preiseinheit nachträglich berechnet werden. Für den Materialwert ist auf der Lochkarte ein Lochfeld von acht Stellen in den Lochspalten 47 bis 54 vorgesehen. Alle Schlüssel der Ordnungsmerkmale gestatten eine maschinelle Gruppentrennung. Die ersten vier Stellen der Auftragsnummer geben den Kostenträger an. Die beiden ersten Ziffern der Materialnummer stellen die Materialkontonummer dar; die Kostenstellennummer enthält eine Gruppierung nach Bereichen und Abteilungen.

Der Betrieb verlangt:

1. eine Aufstellung über den Materialverbrauch und die Materialkosten
für jede Kostenstelle, untergliedert nach Materialkonten und Materialnummer in zweifacher Ausfertigung. Die Tabelle muß die Anschrift
des Monats, der Kostenstelle, des Materialkontos, der Materialnummer,
der Auftragsnummer, der Belegnummer, der Menge und des Wertes
enthalten;

2. eine Aufstellung über den Materialverbrauch und die Materialkosten
nach Kostenträgern, untergliedert nach Kostenstellen. Dazu sind zwei
Tabellen anzufertigen, die die Anschrift des Monats, der Kostenträger, der Kostenstelle, der Material- und Belegnummer, der Menge
und des Wertes enthalten;

3. eine Zusammenfassung der Materialkosten je Kostenstelle, untergliedert nach Materialkonten mit Gegenüberstellung der Plankosten. Die
Tabelle muß den Monat, die Kostenstelle, das Materialkonto und die
Plan- und Istkosten mit Saldo aufweisen. Sie wird in doppelter Ausfertigung gebraucht;

4. eine Übersicht über die Plan- und Istkosten je Materialkonto. Sie muß
außerdem die Anschrift des Monats und den Saldo enthalten.

Der Lochkartenstation stehen beispielsweise folgende Maschinen mit ausreichender Maschinenzeit zur Verfügung: Magnetlocher Soemtron 413,
Magnetprüfer Soemtron 423, Sortiermaschine Soemtron 432, Tabelliermaschine Soemtron 402 mit angeschlossenem Summenlocher Soemtron 440
und Doppler BULL 75.80 mit angeschlossenem Elektronenrechner Robotron ASM 18.

6.1. Arbeitsablaufplanung

Für den *Arbeitsablauf* im obengenannten Beispiel wird folgende Lösung
gewählt. Nach dem Lochen und dem anschließenden Prüfen der Loch-
karten mit dem Kartenkennzeichen 33 anhand der Materialverbrauchsbelege werden die Karten nach der Belegnummer, Materialnummer und
Kostenstellennummer sortiert. Dadurch liegen die Karten schon in der
Reihenfolge, wie sie zur Herstellung der ersten Tabelle benötigt werden.
Vor der Tabellierung wird aber noch der Materialwert mit Hilfe des
ASM 18 aus der Materialmenge und dem Preis je Einheit berechnet und
durch den Doppler in die Karten eingestanzt. Die Preiseinheit wird zur
Steuerung der Einstanzung benutzt. Da bei der Tabellierung der dritten
und vierten Tabelle nur zusammengefaßte Angaben benötigt werden,
können diese beim Tabellieren der ersten Tabelle in Summenkarten eingestanzt werden. Die Summenkarten, durch das Kennzeichen 36 erkennbar, müssen nur den Monat, die Kostenstelle, das Materialkonto und die
Kostensumme enthalten. Die Summenkarten erlauben eine schnellere
und einfachere Tabellierung der dritten und vierten Tabelle.
Nach dem Schreiben der ersten Tabelle werden die Karten der Kartenart
33 nach Kostenträgern sortiert. Die bisher bestehende Sortierung nach
Kostenstellen wird dadurch der der Kostenträger untergeordnet, wie es

Liste 1 Materialkosten je Kostenstelle

Monat	Kosten-stelle	Material-Nr.	Auftrags-Nr.	Beleg-Nr.	Menge	Kosten	Kosten
03	12750	35657200	1013506792	3955	35000	560 00	
			1023506792	3957	35000	560 00	
			1034577805	3990	50000	800 00	
					120000*	1920 00*	je Materialposition
		35660810	0950183500	3710	150*	5055 00*	6975 00* je Mat.-Kto
		38351420	1150168806	4105	9000	1080 00	
			1150168807	4337	1000	120 00	
					10000*	1200 00*	
		38372490	0981701124	4566	650-	3250 00-	
			0981710038	4567	540	2700 00	
					110*	550 00*	650 00*
							7625 00** je Kostenstelle
	13650	27546000	0887106550	0910	75000	804 00	
			0897106550	0913	75000	903 00	
					150000*	1707 00*	1707 00*
							1707 00**
							9332 00*** gesamt

Bild 44. Schema für die erste Tabelle : Materialkosten je Kostenstelle

die zweite Tabelle erfordert. Nach dem Durchlauf durch die Tabelliermaschine zur Herstellung der zweiten Tabelle werden die Karten KK 33 abgelegt und für weitere Auswertungen, wie Materialbestandsrechnung u. a., aufbewahrt. Die Summenkarten werden nach ihrer Herstellung gleich für Kontrollzwecke tabelliert.

Nach der Kontrolle werden die Summenkarten nach den Materialkontennummern sortiert. Dabei werden vor der Sortierung die Plankarten mit dem Kennzeichen 46 vor die Summenkarten gelegt. Die Plankarten enthalten in den gleichen Spalten wie die Summenkarten die Monatsangabe,

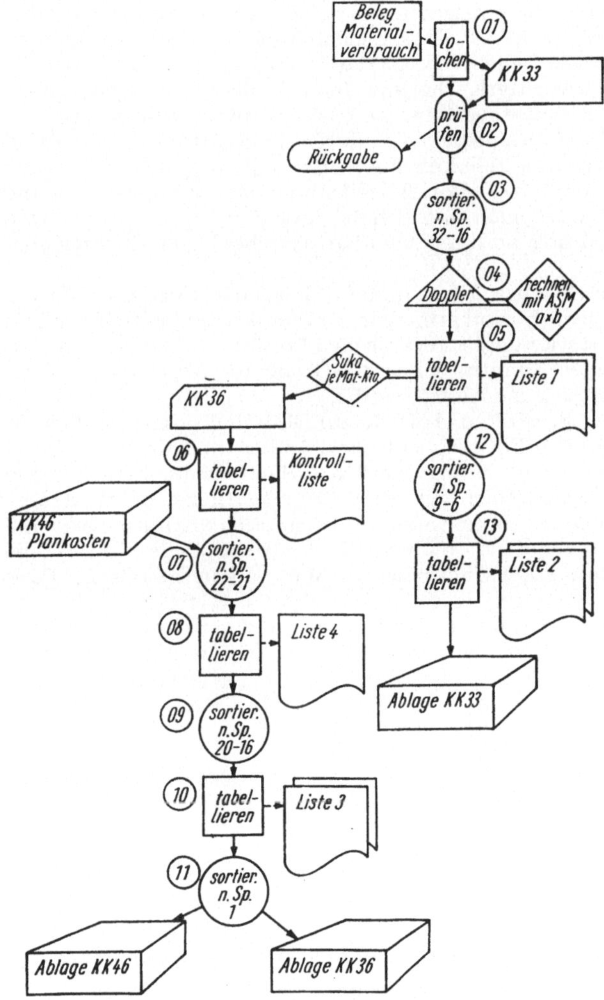

Bild 45. Arbeitsablauf für die Aufbereitung der Materialkosten

die Materialkontonummer, die Kostenstellennummer und die Kosten-
angabe. Der Sortierung folgt die Aufstellung der vierten Tabelle. Die getrennte Summierung bzw. Saldierung der Plan- und Istkosten wird durch
eine vom Kartenkennzeichen gesteuerte Einzählung in Zählwerke der
Tabelliermaschine erreicht. Anschließend werden die Karten nach den
Kostenstellen sortiert und zum Schreiben der dritten Tabelle verwendet.
Danach werden die Plankarten von den Istkarten durch eine Sortierung
nach der Spalte 1 des Kartenkennzeichens getrennt und in den entsprechenden Ablagefächern abgelegt.
Zur übersichtlichen Darstellung des Arbeitsablaufs empfiehlt sich eine
Grafik, bei der die eingesetzten Datenträger und der Arbeitsgang symbo-
lisch eingetragen sind (Bild 45). Das Zeichnen der Symbole wird durch
den Einsatz einer Symbolschablone für die Lochkartentechnik vom VEB
Bürotechnik Berlin erleichtert. Die einzelnen numerierten Arbeitsgänge
werden auf diesen Arbeitsablaufdiagrammen entweder ausreichend zur
Ausführung der Arbeit erläutert oder durch gesonderte Arbeitsanwei-
sungen näher erklärt. Das Schalten auf den Programmtafeln der Lochkartenmaschinen erfolgt nach dem Tabellenbild und der Feldeinteilung
auf den Lochkarten oder nach den Schalt- und Gangvorlagen, in denen
die gewünschte Schaltung von den Lochkartentechnologen eingezeichnet
worden ist.
Zur Arbeits- und *Maschinenzeitbilanz* muß für den Auftrag der Zeitaufwand
bei den einzelnen Arbeitsgängen ermittelt werden. Da der Zeitaufwand an
den Maschinen sehr stark von der technischen Leistungsfähigkeit abhängt,
kann bei ausreichender Kenntnis über die Größe des Auftrags der Zeit-
verbrauch je Arbeitsgang berechnet werden.
Von dem als Beispiel gewählten Auftrag zur Materialkostenrechnung sei
bekannt, daß etwa 10 000 Belege abzulochen sind. Zum Tabellieren interessiert außerdem die Anzahl der erforderlichen Summengänge. Sie werden
auf Grund der 30 Kostenstellen, der etwa 150 monatlichen Kostenträger
und der 25 vorhandenen Materialkonten ermittelt. Erfahrungsgemäß
arbeiten etwa 20 Kostenstellen an einem Kostenträger. Jede Kostenstelle
benötigt Material von durchschnittlich 10 Materialkonten mit 25 Posi-
tionen.
Da die technische Leistung, die in den Prospekten der Hersteller genannt
wird, nur für die reine Maschinenarbeit gilt, wird für die normale Arbeit,

Tafel 5. Arbeitsleistungen an Lochkartenmaschinen

Arbeits-gang	Maschinen-typ	Maschinenleistung/Stunde	Zu erwartende Arbeits-leistung/Stunde
Lochen	Soemtron 413	—	7 200 Anschläge
Prüfen	Soemtron 423	—	9 000 Anschläge
Sortieren	Soemtron 432	42 000 Gänge	25 000 Gänge
Tabellieren	Soemtron 402	9 000 Gänge	7 000 Gänge
Doppeln	BULL 75.80	7 000 Gänge	5 000 Gänge
Rechnen	ASM 18	entsprechend der Kopplung	

Tafel 6. Arbeitszeitermittlung für das Beispiel „Aufbereitung der Materialkosten"

Arbeits-gang-Nr.	Bezeichnung	Menge	Mengeneinheit	Arbeitsgänge je Mengeneinheit	Gesamte Arbeits-gangzahl	Arbeits-zeit in Std.
1	Lochen von KK 33	10 000	Karte	46 Anschläge	460 000	64,0
2	Prüfen von KK 33	10 000	Karte	46 Anschläge	460 000	51,0
3	Sortieren	10 000	Karte	17 Stellen	170 000	6,8
4	Rechnen mit ASM 18	10 000	Karte	2 Gänge	20 000	4,0
5	Tabellieren Liste 1	10 000	Karte	1 Gang		
		30	Summe für Kostenstelle	1 Gang		
		300	Summe für Materialkonto	1 Gang	25 300	3,6
		7 500	Summe für Material-Nr.	2 Gänge		
6	Tabellieren Suka	300	Karte	1 Gang		
		30	Summe für Kostenstelle	2 Gänge	400	0,1
7	Sortieren	300	Karte KK 46			
		300	Karte KK 36	2 Stellen	1 200	0,1
8	Tabellieren Liste 4	600	Karte	1 Gang		
		25	Summe für Materialkonto	2 Gänge	700	0,1
9	Sortieren	600	Karte	5 Stellen	3 000	0,1
10	Tabellieren Liste 3	600	Karte	1 Gang		
		30	Summe für Kostenstelle	1 Gang	1 200	0,2
		300	Summe für Materialkonto	2 Gänge		
11	Sortieren für Ablage	600	Karte	1 Stelle	600	0,1
12	Sortieren von KK 33	10 000	Karte	4 Stellen	40 000	1,6
13	Tabellieren Liste 2	10 000	Karte	1 Gang		
		150	Summe für Kostenträger	1 Gang	16 200	2,3
		3 000	Summe für Kostenstelle	2 Gänge		

bei der Rüst-, Kontroll- und Bedienungszeiten anfallen, mit einer niedrigeren Durchschnittsleistung bei Arbeiten an den Maschinen gerechnet. Diese Leistungen werden auch zur Arbeitszeitermittlung eingesetzt (Tafel 5).

Im betrachteten Beispiel läßt sich die Arbeitszeit für Lochen und Prüfen aus der gesamten Zahl der Anschläge, die sich aus der Multiplikation der Kartenzahl mit der zu lochenden Spaltenzahl je Karte ergibt, und aus der zu erwartenden Anschlagzahl je Stunde berechnen. Beim Sortieren entscheidet die Kartenzahl und die zu sortierende Stellenzahl. Beim Rechnen ist die Ausführung des Kontrollgangs zu berücksichtigen. Die Tabelliermaschine Soemtron 402 erfordert je Karte und je Summe einen Maschinengang von 0,4 s. Nach einem Summengang ist aber immer noch ein weiterer Gang zum Löschen der Zähler erforderlich.

6.2. Kostenermittlung und Preisbestimmung

Wenn auch die Kosten und der Erlös sich nach den jeweilig vorhandenen konkreten Umständen richten, so soll hier doch ein möglichst allgemeingültiges Berechnungsschema gezeigt werden. In dem Beispiel werden nun die anfallenden Grundkosten den gesetzlichen Preisen gegenübergestellt. Von der Einbeziehung des Gemeinkostenaufwands wird abgesehen, da die tatsächlichen Verhältnisse durchaus größere Abweichungen gestatten. Auch sollen die Energiekosten unberücksichtigt bleiben. Innerhalb der Lochkartenstation kann dann mit folgenden direkten Grundkosten bei den Arbeiten an den Maschinen gerechnet werden:

1. Abschreibung für die Lochkartenmaschinen,
2. Wartungskosten auf Grund der Wartungsverträge,
3. Lohnkosten einschließlich Sozialversicherungs- und Unfallversicherungsbeitrag,
4. Materialkosten.

Bei den Abschreibungen der Maschinen gilt die Anordnung Nr. 2 über das „Verzeichnis der Abschreibungssätze für Grundmittel" vom 1. März 1966. Die Laufzeit der Maschinen soll denen in den Preisunterlagen für Arbeiten der maschinellen und manuellen Datenverarbeitung entsprechen. Damit kann der Abschreibungssatz je Arbeitsstunde berechnet werden. Wenn in der Tafel 7 eine effektive Laufzeit von 250 Stunden für Tabelliermaschinen angegeben wird, so bedeutet das für die Lochkartenstation einen zweischichtigen Betrieb. Die Wartungsgebühren werden von Bürotechnik auf Grund der monatlichen Laufzeit gestaffelt für die jeweiligen Maschinen erhoben. Sie können ebenfalls auf die Maschinenstunde umgerechnet werden.

Die Lohnkosten können nur näherungsweise angegeben werden, wobei zu den Löhnen noch die Kosten wegen des SV-Beitrags und der Unfallversicherung hinzuzufügen sind. Hierbei richten wir uns nach den „Richtlinien über die Anwendung einheitlicher Qualifikationsmerkmale und über die Entlohnung der Fachkräfte für die Datenverarbeitung in allen Bereichen der Volkswirtschaft" vom 6. 12. 67. Die Arbeitszeit von rd. 190 Stunden im Monat wird wegen der Gewährung des gesetzlichen Urlaubs,

Tafel 7. Die direkten Grundkosten außer Material und Energie je Arbeitsstunde an den Lochkartenstationen

Arbeits-art	Maschinen-typ	Maschinen-preis	Lauf-zeit	War-tungs-gebühr	Lohn-kosten	Arbeits-zeit	Ab-schrei-bung	War-tungs-kosten	Mittlere Lohn-kosten	Kosten
		M	Std./Mon.	M/Mon.	M/Mon.	Std./Mon.	M/Std.	M/Std.	M/Std.	M/Std.
1	2	3	4	5	6	7	8	9	10	11
							3/4	5/4	6/7	8+9+10
Lochen	Soemtron 413	1 485,—	160	38,0	360—420	150	0,1	0,2	2,7	3,0
Prüfen	Soemtron 423	1 600,—	160	55,2	420—480	150	0,1	0,3	3,0	3,4
Sortieren	Soemtron 432	10 200,—	250	176,9	480—540	174	0,5	0,7	2,9	4,1
Tabel-lieren	Soemtron 402	159 400,—	250	791,7	540—620	174	8,5	3,2	3,3	15,0
Summen-karten-stanzen	Soemtron 440 an Soemtron 402 angeschlossen	65 300,—	200	335,0	—	—	4,4	1,7	—	6,1
Doppeln	BULL 75.80	74 750,—	250	324,8	540—620	174	4,0	1,3	3,3	8,6
Rechnen	Robotron ASM 18 an BULL 75.80 angeschlossen	44 050,—	130	398,8	—	—	4,4	3,1	—	7,5

Tafel 8. Direkte Grundkosten und Preise für das Beispiel „Aufbereitung der Materialkosten"

Arbeitsart	Karten	Zeit/ Std.	Direkter Grund- kostensatz M/Einheit	Direkte Grund- kosten M	Preis	
					Preissatz M/Einheit	Gesamt- preis M
Lochen		64,0	3,00/Std.	192,0	6,20/Std.	396,80
Material- einsatz	10 000		8,78/1000 K	87,8	10,73/1000 K	107,3
Prüfen		51,0	3,40/Std.	173,4	6,60/Std.	336,60
Sortieren		8,7	4,10/Std.	35,7	9,00/Std.	78,30
Rechnen mit ASM 18 und		4,0	7,50/Std.	30,0	8,00/Std.	32,00
Doppler		4,0	8,60/Std.	34,8	16,00/Std.	64,00
Tabellieren		6,3	15,00/Std.	94,5	32,00/Std.	201,60
Summenkarten herstellen		4,8	6,10/Std.	29,3	6,50/Std.	31,20
Material- einsatz	300		8,78/1000 K	2,6	10,73/1000 K	3,2
Gesamt				680,1		1251,00

von Haushaltstagen und durch Krankheit um etwa $^1/_{12}$ im Jahresdurchschnitt vermindert. Die Arbeitszeit der Locherinnen und Prüferinnen wird außerdem durch die gesetzlich zuerkannte Pausenzeit begrenzt.

Die Lohnkosten, die Wartungskosten und die Abschreibungen werden als direkte Grundkosten je Maschinenstunde zusammengefaßt. Die hauptsächlichen Materialkosten werden gesondert berücksichtigt. Die übrigen Kosten, wie Energiekosten, Abschreibungen der Gebäude und Klimaanlagen, Kosten für die Leitung, Lenkung und Vorbereitung des Arbeitsablaufs, bleiben trotz des nicht unerheblichen Umfangs unberücksichtigt. Gerade der Einsatz von Elektronenrechnern mit interner Programmspeicherung wird häufig noch zu höheren Vorbereitungskosten wegen der Programmierung und der Organisationsvorbereitung führen als bisher·in den konventionellen Lochkartenstationen.

Selbstverständlich kann der ermittelte Stundenkostensatz ohne Gemeinkosten keinen Anspruch auf dauernde Richtigkeit erheben. Die Kapazitätsauslastung der Maschinen spielt dafür eine zu große Rolle. Diese wiederum wird erheblich durch die Terminstellung der einzelnen Aufträge beeinflußt. Gegenwärtig häufen sich die Aufträge zum Monatsende und -anfang in den Lochkartenstationen, während in der übrigen Zeit Auftragsmangel herrscht. Gerade die Änderung dieses Zustands kann zu einer besseren Kapazitätsauslastung der in der DDR eingesetzten Lochkartenmaschinen führen.

Die direkten Grundkosten für die einzelnen Arbeitsplätze sind in Tafel 7 zusammengefaßt. Sie dient als Grundlage zur Berechnung der direkten Grundkosten einschließlich der wesentlichen Materialkosten für das hier betrachtete Beispiel in Tafel 8. In dieser Tafel werden die Kosten den seit 1. Januar 1968 geltenden Preisen entsprechend dem für alle Betriebe gültigen Preiskarteiblatt des Büros der Regierungskommission für Preise gegenübergestellt. Wir sehen, daß der Endpreis für unser Beispiel etwa den Grundkosten plus einem gewissen Gemeinkostenzuschlag entspricht.

Literaturhinweise

[1] Autorenkollektiv: Lochkartentechnik. Berlin: Verlag Die Wirtschaft 1965.

[2] *Smers:* Das maschinelle Lochkartenverfahren. Leipzig: VEB Fachbuchverlag 1965.

[3] Handbuch der maschinellen Datenverarbeitung. Stuttgart: Forkel-Verlag.

[4] REIHE AUTOMATISIERUNGSTECHNIK Band 5, 12, 19.

[5] Neue Technik im Büro. Artikel: BWS Tabelliermaschine 402 (1964), Artikelreihe: *Puttrich, Rinn:* Das Betriebsgeschehen in 80 Spalten (1962/63).

[6] Rechentechnik. Artikelreihe: Grundfragen der Rechentechnik. Berlin: Verlag Die Wirtschaft 1964.

[7] Autorenkollektiv: Richtwert — System — Standardausrüstung einer Lochkartenstation. Schriftenreihe des Instituts für Datenverarbeitung (vormals ZIA) Heft 1. Dresden 1963.

[8] *Lehmann; Friedrich; Stärk:* Kennziffern über die Nutzung von Lochkartenmaschinenstationen. Schriftenreihe des Instituts für Verwaltungsorganisation und Bürotechnik. Leipzig 1965.

[9] Informationen des VEB Bürotechnik Berlin, Reihe L Lochkartentechnik, Heft 1 bis 8. Zentrale Leitung, 108 Berlin, Mohrenstraße 62.

[10] Schulungsmaterial des Schulungszentrums des VEB Bürotechnik, 701 Leipzig, Brühl 4.

[11] Programmierungs- und Bedienungsanleitungen für Lochkartenmaschinen des VEB Büromaschinenwerk Sömmerda (Thür.).

[12] Programmierungs- und Bedienungsanleitungen für Lochkartenmaschinen einschließlich Rechner von Compagnie BULL — General Elektric. 94 Avenue Gambetta, Paris 20.

[13] Programmierungsanleitung zum elektronischen Lochkartenrechner ROBOTRON 100 vom VEB Bürotechnik, 108 Berlin, Mohrenstraße 62.

Bildnachweis:

Die Fotografien wurden freundlicherweise zur Verfügung gestellt von VEB Büromaschinenwerk Sömmerda (Bilder 28, 40), Compagnie BULL — General Elektric (Bilder 4, 17, 29, 42), DEWAG-Werbung Leipzig (Bild 22), VVB Schiffbau Rostock (Bilder 5, 24; aufgenommen von Georg Zimmer, Leipzig) und Universität Rostock (Bilder 3, 23).